载人火星探测航天运输系统

王小军　主编

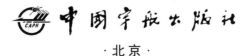

中国宇航出版社

·北京·

图书在版编目（ＣＩＰ）数据

载人火星探测航天运输系统 / 王小军主编. --北京：
中国宇航出版社，2023.1

　ISBN 978-7-5159-2172-3

　Ⅰ. ①载… Ⅱ. ①王… Ⅲ. ①载人航天器－火星探测
器 Ⅳ. ①V476.4

中国版本图书馆 CIP 数据核字（2022）第 248654 号

责任编辑　马　喆　　　　装帧设计　王晓武

出　版 发　行	**中国宇航出版社**			
社　址	北京市阜成路 8 号　邮　编　100830		版　次	2023 年 1 月第 1 版
	(010)68768548			2023 年 1 月第 1 次印刷
网　址	www.caphbook.com		规　格	710×1000
经　销	新华书店		开　本	1/16
发行部	(010)68767386　　(010)68371900		印　张	20.75
	(010)68767382　　(010)88100613（传真）		字　数	285 千字
零售店	读者服务部		书　号	ISBN 978-7-5159-2172-3
	(010)68371105		定　价	158.00 元
承　印	北京中科印刷有限公司			

本书如有印装质量问题，可与发行部联系调换

序

　　对未知世界的探索，是人类发展的永恒动力；对茫茫宇宙的认知，是人类亘古以来的不懈追求。深空探测是人类探索宇宙奥秘、寻求更加广阔发展空间的重要途径，开发和利用空间资源将为人类社会的可持续发展做出越来越大的贡献。以火星为目标的无人探测和载人探测是人类走向浩瀚宇宙必然的一步。火星是太阳系八大行星之一，按距离太阳由近及远的次序排列为第四颗，中国古代称之为"荧惑"，西方称之为"战神"（MARS）。在太阳系八大行星之中，火星是一颗类地行星，位于地球轨道外侧，和地球一样具有自转和公转，其自转速度与地球几乎相等，同样具有季节变换、大气特征，火星的许多性质与地球相似，火星大气的主要成分是二氧化碳，已经证实存在水和甲烷，火星到太阳的平均距离大约是 1.52 倍日地距离，太阳光照充足。因此，火星是除地球以外，太阳系最有可能曾经存在生命的行星，也能够为载人火星探索提供重要原位物资资源。到目前为止，已经有超过数十枚探测器到达过火星，它们对火星进行了大量的考察，并向地球发回了大量数据，火星也是除了地球以外人类了解最多的行星。我国天问一号火星探测器也已成功降落火星表面，并开展了多项科学探测任务。

随着人类对火星的了解越来越多以及航天科技的快速发展，载人火星探测越来越受到国际航天界关注；美国和苏联很早就提出了载人火星探测的设想，并开展了大量研究工作，美国政府已宣布在2025年实施载人登月，同时为载人火星探测做准备，并宣布2040年前实施载人火星探测任务，SpaceX公司提出火星移民计划，并持续开展其星际运输系统——超重-星舰的研制；欧洲、俄罗斯也提出了多种载人火星探测任务方案；中国方面，已成功完成月面取样返回和首次无人火星探测任务，载人空间站已完成在轨建造，正在开展载人月球探测的研究，载人火星探测也必将是其后的下一个目标，将成为建设航天强国的重要标志性任务之一。

相对于地月空间载人探测，载人火星探测任务复杂性大幅提高，距离远、时间长，系统规模大，航天员长期暴露在没有地球磁场保护的空间环境，挑战巨大。这些问题的解决需要比当今航天运输系统规模大得多的运输能力支撑。因此，系统开展载人火星探测航天运输系统研究，对于提出和选择科学合理的载人火星探测技术路径，应对载人火星探测任务及其航天运输系统面临的各项技术挑战，引领和推动科技进步，奠定后续深入开展载人火星探测任务系统研究的基础等都具有十分重要的意义。

国际宇航科学院（IAA）王小军院士主编的《载人火星探测航天运输系统》一书，针对这一课题开展了系统性研究。该书通过对主要航天国家关于载人火星探测研究的调研分析，总结了发展趋势；在梳理载人火星探测任务架构涉及的各类设计因素的基础上，分析了关键设计因素对载人火星探测任务架构设计的影响，提出了"三步走"的载人火星探测发展路线及其具体的任务架构方案；提出了四种初期载人火星探测的架构及其航天运输系统方案，讨论了载人火星探测航天运输系统的特点和组成，梳理了关键技术，并给出了技术途径；考虑到载人火星探测任务复杂性和艰巨性，本书探讨了载人火星探测的国际合作模式，倡议通过深层次的国际合作完成这一人类壮举。

在国际宇航科学院的支持下，王小军院士牵头联合多国院士专家，系统性地开展载人火星探测航天运输系统研究，本书是他们共同研究成果的总结，凝聚了该领域国内外众多专家学者的智慧，反映了当前世界航天在载人航天领域的热点研究成果，对后续开展载人火星探测任务规划、航天运输系统的深入研究和工程研制均具有很好的参考价值，是航天领域科研工作者和广大高校师生一本很有价值的参考书。我非常高兴为该书作序，期望本书能够吸引更多的新生力量关注载人航天和载人火星探测领域的发展，并投身于这一伟大的事业，为构建太空人类命运共同体做出积极的贡献。我相信人类登陆火星的宏伟目标一定能够实现，这将是人类文明发展史上极其重要的里程碑事件。

中国载人航天工程总设计师
中 国 工 程 院 院 士

前　言

"星空浩瀚无比，探索永无止境"，人类迈向深空的步伐永不停歇，随着人类社会和航天科技的不断发展，火星探测变得越来越有吸引力。天问一号火星探测器已成功降落火星，并通过一次任务就实现"绕、落、巡"三大目标，对火星的表面形貌、土壤特征、物质成分、水冰、大气、电离层、磁场等进行了科学探测。从1960年苏联发射世界上第一个无人火星探测器至今，人类已发射无人火星探测器47次，对火星进行了详细的考察；随着火星探测任务的不断深入，世界各国也相继开展火星表面采样返回、载人火星探测和火星基地的研究，并提出相关计划。

载人火星探测在探索地外生命、星际移民、推动科技发展、提升国家地位和促进人类社会进步等方面具有重要意义，同时对青少年能起到极大的科技教育和激励作用。航天运输系统技术是载人火星探测任务实施的基础技术，其技术水平对载人火星探测任务的风险、复杂度和成本具有重要影响，有必要开展载人火星探测航天运输系统技术研究。开展载人火星探测航天运输系统研究，除了能够直接支撑载人火星探测任务的实施外，还能够为支撑大型空间基础设施的建设、支撑地月经济区建设与运行、支撑大规模深空探测和行星资源开发任务打下技术基础，同时能够牵引航天动力技术变革和核能应用发展。

与地球空间航天运输系统相比，载人火星探测航天运输系统任务复杂，飞行时间长，飞行距离远，交会对接次数多，运载器规模大，且由多个运载器组成。美国从20世纪50年代就开始载人火星探测的研究工作，并提出了多种运输系统方案；美国政府和相关企业提出2040年前开展载人火星探测。欧洲和俄罗斯也提出了相关方案设想。我国相关研究机构和大学开展了载人火星探测有关的轨道设计和不同推进技术应用分析等研究，还尚未有关于载人火星探测航天运输任务架构设计、运输系统组成与特点分析、方案研究、关键技术以及国际合作等系统性研究工作。

面向未来载人火星探测任务，针对如何构建相关任务架构，设计相关航天运输系统方案，本书总结了相关研究成果，并系统分析了载人火星探测任务架构设计因素及其影响，提出了未来载人火星探测发展路线和总体架构设计，并基于此提出了相关航天运输系统方案，梳理了关键技术，最后给出了载人火星探测国际合作模式设想。

本书分为9章。第1章绪论，表述了开展本课题研究的背景和意义；第2章总结了载人火星探测模式及其航天运输系统研究成果，重点对美国、中国、俄罗斯和欧洲等主要航天国家及地区的相关研究进行了分析和总结；第3章对载人火星探测任务架构设计因素进行了梳理，并对各设计因素内涵和范围进行了解释说明；第4章对载人火星探测任务架构重点设计因素进行了详细分析，考察其对载人火星探测任务架构设计的影响，包括能量需求、飞行时间、系统规模等；第5章在前几章研究的成果的基础上，提出了三步走的载人火星探测发展路线及其具体的任务架构方案，分别是机器人火星探测、初期载人火星探测和航班化载人火星探测；第 6 章针对第 5 章的初期载人火星探测提出的四种架构方案，分别提出了相关航天运输系统的方案，同时分析给出了载人火星探测航天运输系统组成、各方案速度增量需求和运输系统规模、总体及分系统技术方案；第 7 章针对载人火星探测航天运输系统，梳理了相关重点关键技术，给出了技术内涵和解决途径；第 8 章提出了针对载人火星探测任务的国际合作模式设想，分析了国际合作需求，总结了当前国际合作现状与发展趋势，最后提出了相关国际合作模式；第 9 章总结了本课题的研究成果，并提出了相关措施建议。

　　本书的编写得到了意大利 Giancarlo Genta 教授、俄罗斯 Yury Razoumny 教授、美国 Peter Swan 教授、Roger Lenard 教授的大力支持，他们也对本书内容进行了指导和修改；汪小卫、任宽、张烽、李扬、董晓琳、焉宁、艾立强、何漫、张黎、童科伟等同志为本书的编写和出版提供了许多帮助；本书得到了国家自然科学基金（基金号：52232014）的支持；中国宇航出版社为本书的编辑、出版提供了帮助。在此一并表示衷心感谢！

　　本书同时以中英文出版，在编写过程中经过多次修改完善，并经过多位中外业内专家审阅，力求做到结构完整、思路清晰、观点明确、反映一些最新成果，鉴于编者水平有限，书中难免有不妥之处，恳请广大读者指正。

编　者

目　录

第1章

绪　论

　　"地球是人类的摇篮，但人类不会永远躺在摇篮里"，世界航天经过70多年的发展，在人类社会的发展中起着越来越重要的作用。火星是太阳系中与地球性质最为接近、目前除地球之外研究最多的行星，也是除月球之外深空探测的首选目标。从1960年苏联发射世界上第一个无人火星探测器至今，人类已发射火星探测器47次，随着火星探测任务的不断深入，世界各国也相继开展火星表面采样返回、载人火星探测和火星基地的研究。载人火星探测在探索地外生命、星际移民、国际合作交流、推动科技发展以及促进人类社会进步等方面具有重要意义。

　　火星是探索地外生命的起点。在太阳系中，火星是地球的近邻，拥有和地球相似的昼夜交替和四季轮换，是被寄予厚望的地外生命存在之处。和地球一样，火星属于岩石行星，硅酸盐岩石为其主要成分，拥有和地球相似的固态岩石表面；土壤中含有丰富的矿物质及各种化合物，连两极的白色冰冠都如同地球南北极一般；火星还有沙漠、平原、高山、峡谷，主要由二氧化碳组成的大气层给人类提供了制造氧气与燃料的物质条件。生命之源——水存在的证据在火星探测中被不断发现，火星上有很大可能存在生命（或者曾经存在过生命）。

火星是未来星际移民的第一站。 宇宙、银河系、太阳系无时无刻不处于变化之中，在我们赖以生存的地球家园上，环境灾害、陨石降临、太阳活动等都将威胁到人类的生存；即使人类在地球相安无事地长久发展，未来资源的枯竭、空间的紧缩也将限制文明的发展。婴儿总会离开摇篮，人类也必将迈向走出地球的全新阶段。火星得天独厚的位置和环境条件，就如同一块充满未知的新大陆一样，等待着征服者的到来，未来，人类必将走出地月空间，踏上奔向火星的漫漫征程。

载人火星探测是一项国际合作的重大研究课题。 载人火星探测这样的大型工程，无论从技术还是经济上考虑，仅依靠一个国家难以独立完成，更需要通过国际合作的模式，由多个国家共同完成任务。载人火星探测这样大型工程项目的合作，有利于各国的交流与互惠，建立良好的合作伙伴关系，共建人类命运共同体。

载人火星探测是高精尖科技的大集成，能够带动多领域的科技发展。 对于当前人类社会和科技发展水平，载人火星探测是一个可能实现的目标，可以吸引人们去不断攻关与探索，随之建立的体系、培养的人才、焕发的社会活力将推动整个人类社会进步。随着火星探测的不断深入，无人探测的方式越来越难以满足许多科学目标的要求，需要通过载人探测完成更深入的研究，通过载人火星探测能够加快人类对火星的认识，进而加快对地球演化过程的研究，推进人类社会的可持续发展。

另外，载人火星探测任务对民众能起到很好的教育和激励作用，尤其是对青少年学生。载人火星探测可激励青少年热爱科学，努力学习工程、技术、数学等专业，并在将来从事相关职业，进而提高民众科学素质和自主创新意识。

载人火星探测航天运输系统是载人火星探测任务实施的基础，其对载人火星探测任务风险、复杂性和成本等因素具有重要影响。与地球空间航天运输系统相比，载人火星探测航天运输系统规模更大，复杂度更高，它由运载火箭、摆渡级、地火转移运载器、火星着陆与上升器等多个运载器组成；任务剖面由一次飞行进入空间变为进入地球空间、近地组装、地火转移、火星着陆与上升、环火组装、返回地球等多任务组成；飞行时间由数百秒至数小时变为往返数百天，飞行距离由距地面数百至数万千米扩展至数千万千米，甚至数亿千米，同时交会对接达到数次，甚至十余次[1-2]。因此，载人火星探测航天运输系统研究是目前航天领域面临的最具挑战性的任务之一。

开展载人火星探测航天运输系统研究，能够大力提升航天运输系统性能和能力，提升包括核推进技术在内的诸多技术的发展，除了能够直接支撑载人火星探测任务的实施外，还具有以下意义。

支撑大型空间基础设施的建设。目前空间载荷运输任务主要依靠化学火箭，而随着空间载荷规模的不断增长，例如空间太阳能电站将达到数万吨规模，由于最高比冲与两种推进剂组元的限制，需要较大运载火箭的起飞规模，大大地增加了地面发射的成本，甚至可能会达到难以承受的程度。采用核推进的运载火箭末级可以有力支撑地球轨道大型平台的建设，包括大型深空望远镜、空间太阳能电站等，为未来大规模探索空间和利用空间夯实基础。

支撑地月空间经济区建设与运行。地月空间经济区是一种常态化、航班化的运输、探测、开发、利用地月空间资源的经济活动圈。地月空间经济区的建设和运行需要航班化的地月空间运输体系，包括进出地球空间天地往返运输系统、航班化空间转移运输系统、月面起降和月面转移运输系统予以支撑。为实现地月空间经济区的可靠、稳定和高效运营，运输系统需具备高性能、高可靠、低成本等特点。更高性能的核推进技术比冲性能高，其运载效率是化学推进技术无法比拟的，特别是对于大规模常态化轨道转移和月面转移运输来说，能够发挥更大的作用。随着核推进技术的成熟，核动力运载器必将能够有力支撑地月空间经济区的建设和运行。

支撑大规模深空探测和行星资源开发任务。未来开展更大规模的深空探测任务，包括小行星、太阳、木星系和金星探测任务，更需要采用高能量的核动力运载器，核推进是未来空间推进最有前景的动力形式之一，能够有效完成更大规模的深空探测和行星资源开发任务；同时，能够推进空间科学探索向深空延伸，推动宇宙起源、地外生命等前沿课题的进一步发展。

牵引航天动力等航天技术发展。载人火星探测航天运输系统涉及关键技术多、难度大，包括总体设计技术、轨道设计技术、推进技术、低温推进剂长期在轨管理技术、制导与控制技术、能源与通信技术以及结构机构设计技术等，特别是在核推进技术、液氢推进剂长期在轨管理技术、可持续能源与星际测控通信网络技术等方面的突破，将在很大程度上推动航天科技的发展，同时带动核能源、低温能源和远距离通信等领域快速发展。

牵引核能应用发展。核能的发现和利用是 20 世纪最伟大的科技成就之一。在成功用于武器、地面发电、舰艇推进等的同时，核能也可用于深空探测、行星资源开发、轨道转移飞行等航天任务。空间核动力技术融合了核能、航天、材料、信息、控制、环境等科学于一体，是一门综合性的前沿科学工程技术。它的研发和应用将对国防、社会民生、经济发展以及科学探索产生重要影响。我国在核能应用领域已经步入世界先进行列，而在空间核动力方面，虽然取得了很大的进步，但与美俄相比，在技术储备、研究深度、整体规模、试验设施、人才队伍等方面还存在较大差距。空间核动力是我国目前核工业体系中较为薄弱的一环，需继续加大空间核动力研究的力度，这是构建完整核工业体系的重要需求。开展载人火星探测航天运输系统研究能够有力牵引空间核动力技术和我国核能应用的发展。

国际上，载人火星探测的提议和方案从 20 世纪中叶开始就不断被提出，尤其对于美国而言，已被征服的月球难以激发公众新的活力，从整个国家发展战略的角度选择火星作为新的探索目标。从 20 世纪 90 年代开始，美国提出多种载人火星探测的技术方案，开展了大量研究 [3-57]；其中设计参考架构 5.0（Design Reference Architecture 5.0，DRA 5.0）针对载人火星探测各个环节的方案及技术进行了大量研究，提出了多种解决方案。中国相关研究机构和大学开展了大量载人火星探测有关的轨道设计和不同推进技术应用分析等研究 [58-74]。俄罗斯和欧洲也进行了相关方案设想和技术研究 [75-86]。但尚未开展关于载人火星探测航天运输系统组成与特点、架构设计和方案的研究工作。

第2章

载人火星探测模式及其航天运输系统方案发展情况

　　美国从 20 世纪 50 年代开始就开展载人火星探测的研究工作，并提出了多种方案，中国、苏联 / 俄罗斯、欧洲等航天国家及地区也都开展了大量的研究工作。表 2-1 所列为相关国家或地区载人火星探测相关计划情况，本章以几个典型计划为案例进行了详细介绍。

表 2-1　相关国家或地区载人火星探测主要计划和研究情况

国家或地区	时间	提出方	方案情况
美国	1947—20 世纪 50 年代	冯·布劳恩	70 人登陆火星设想提议 [3-7]
	20 世纪 50 年代—60 年代	通用原子公司	核脉冲推进，向火星轨道发送 800 t 有效载荷 [8]
	20 世纪 60 年代—70 年代	美国国家航空航天局（NASA），福特航空、通用动力公司和洛克希德公司	EMPIRE（Early Manned Planetary-Interplanetary Roundtrip Expedition）项目，发射八枚土星 V 火箭并进行组装 [9-10]
	1981—1996	劳伦斯·利弗莫尔国家实验室，科罗拉多大学等	提出原位资源利用，分步探测（先探测火卫二）[11, 20]
	1989	NASA	NASA 太空探索计划，作为国际空间站的后续任务议案；提议先返回月球，建立常设基地，然后前往火星 [13]
	20 世纪 90 年代—21 世纪 00 年代	NASA	设计参考任务（Design Reference Mission，DRM），开发了几种概念级别的载人火星探索架构 [39-40]
	2010—	美国政府，NASA	奥巴马时代提出将执行一次载人火星飞行任务，在 21 世纪 30 年代中期环火探测，后续再着陆 [41, 43-47]；特朗普政府时代提出"从月球到火星"计划，分三个阶段完成，其中第二步载人探月、第三步 21 世纪 30 年代载人火星探测 [48-52]；拜登政府时代提出在 2040 年前完成载人火星探测任务 [53]
	2016—	洛克希德·马丁	火星营地计划，建立火星轨道空间站，最早 2028 年出发 [53]
	2016—	SpaceX	利用超重－星舰实现载人火星移民设想，最早 2024 年出发 [54-56]

续表

国家或地区	时间	提出方	方案情况
中国	20 世纪 90 年代—	国家航天局、相关研究机构等	提出一些未来载人火星探测设想，开展了一定的学术研究分析工作 [57~73]
苏联/俄罗斯	20 世纪 50 年代—60 年代	Mikhail Tikhonravov	火星飞行综合体（Martian Piloted Complex）计划，利用 N1 火箭或星际运载器 [74]
	2005	科罗廖夫能源火箭航天公司	提出《2006—2030 年俄罗斯载人航天发展规划构想》 [76~78]，2030 年开展载人火星探测 [79]
欧洲	2001	欧洲航天局（ESA）	曙光计划，2033 年实现人类登陆火星设想 [79]
	21 世纪 10 年代	欧洲相关大学	持续开展载人火星探测任务规划，系统方案和发展路线研究 [81~85]

2.1 美国

2.1.1 NASA 设计参考任务

（1）任务背景

设计参考任务（Design Reference Mission，DRM）系列方案由 NASA 约翰逊航天中心（Johnson Space Center，JSC）在 20 世纪 90 年代开始提出，包括 DRM 1.0、DRM 2.0、DRM 3.0、DRM 4.0、DRA 5.0 等系列[39-40]。

DRA 5.0 是 NASA 一系列火星参考任务中的最新版，它描述了如何依靠各种运载器实现人类首次登陆火星。DRA 5.0 的研究成果为未来实施火星探测任务提供了一个通用的方案参考。

该方案以太空发射系统（Space Launch System，SLS）运载火箭和猎户座（Orion）飞船为基础，设计了任务总时长约 900 天、火星表面停留约 550 天的载人火星探测任务。单次往返任务流程如图 2-1 所示。

（2）任务模式

DRA 5.0 采用的是合式轨道，航天员在 6 个月内到达火星，并在火星表面停留 18 个月（约 550 天），然后经过 6 个月的星际航行返回地球，总任务时间约 900 天。

DRA 5.0 最大的特点是采取"分批次发射"的方案，即典型的人货分离。其优点是货物采用低能量的轨道，便于提高有效载荷运载效率；航天员采用高能量的轨道，最大限度地减少宇宙辐射的危害。这种方式包括采用原位资源利用技术（ISRU）生成火星上升推进剂，最大限度地减小任务总质量和着陆器的规模。

DRA 5.0 任务模式的特点有：低地球轨道（LEO）出发、人货分运、多

次发射 / 对接、长时停留合式轨道、核热推进、原位资源利用。

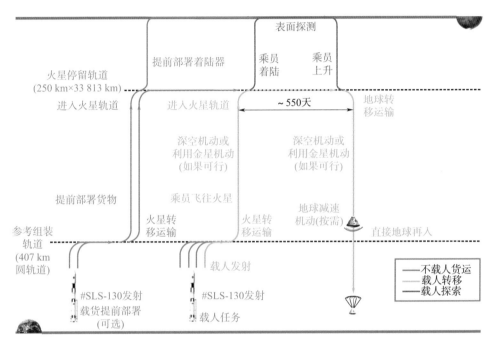

图 2-1　单次往返任务流程图[40]

　　载货转移级需提前两年发射，采用的是低能量飞行且无飞行时间限制，保证速度增量最小。飞船离开 407 km 的地球圆轨道，在地球轨道两次点火后，进入地火转移轨道。被火星捕获后，进入 250 km × 33 813 km 的火星轨道。以 2037 年载人任务为例，图 2-2 和图 2-3 给出了载人和载货任务的飞行方案，载人地火单程飞行时间约为 174 天至 201 天，火星表面停留时间约为 539 天。载货转移级 2035 年离开地球，最快单程飞行时间为 202 天。

　　由于载人火星任务各系统需要相当大的质量规模，必须要使用多发重型运载火箭。该方案提出可以使用 SLS 运载火箭，运载火箭将在火星出发窗口开启的数月之前就完成任务。前两次任务的所有发射和飞行时序如图 2-4 所示。

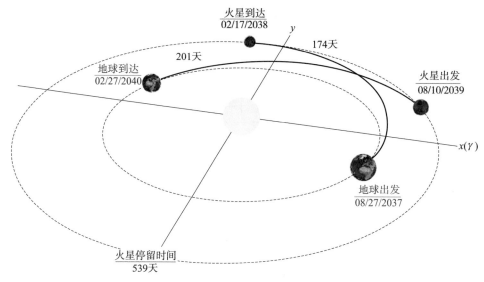

图 2-2　载人飞行方案[40]

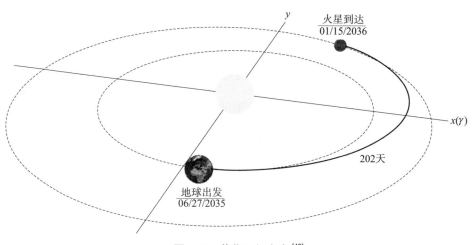

图 2-3　载货飞行方案[40]

　　着陆与上升器和表面居住舱两个货物模块的配置比乘员发射提前了两年。抵达火星之后，运载器将被捕获进入火星轨道。表面居住舱仍将留在火星轨道上处于半休眠状态，等待乘员组抵达。着陆与上升器将被捕获进入火星再入轨道，它将自主执行再入、下降和着陆于火星目标着陆点的任务。

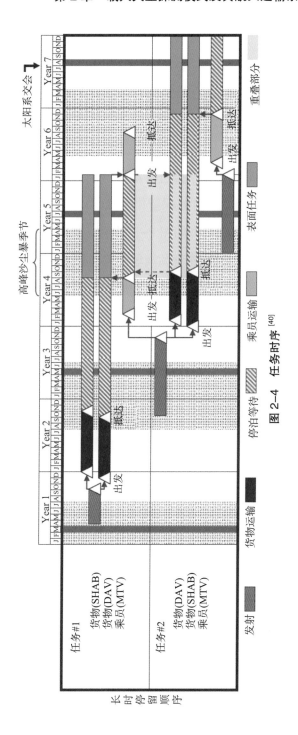

图 2-4　任务时序[40]

第二个阶段开始于载人地火转移级的发射、组装。载人地火转移级将承担进入火星轨道并返回地球的任务。转移时间取决于任务日期，在 175 天到 225 天之间。一旦抵达火星，乘员执行和着陆与上升器的对接任务，其将作为他们去往火星表面的运输工具。

（3）运输系统

DRA 5.0 对核热推进与化学推进等都进行了分析，得出载人和载货地火转移级首选核热推进的结论，并且保留化学推进 / 大气捕获作为备选方案。

载人核推进地火转移级构型如图 2-5 所示，使用一个装有三台核热火箭发动机的通用核热芯级。串联的可抛液氢贮箱可以根据不同的任务需要增大核热芯级的液氢携带量。核热芯级配置圆形的太阳能帆板可以为子系统提供电能；而且带有可贮存推进剂的反作用控制系统（RCS），用于执行地球轨道的自动对接以及近地轨道停泊阶段在轨维持等任务。

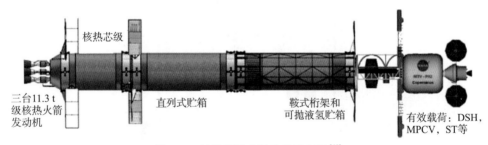

核热芯级

三台 11.3 t 级核热火箭发动机　　　直列式贮箱　　　鞍式桁架和可抛液氢贮箱　　　有效载荷：DSH，MPCV、ST 等

图 2-5　核推进地火转移级示意图 [40]

载人和载货飞船都有一个芯级推进级，都通过 3 个 11.3 t 推力的核热发动机负责推进，需要 5 枚 SLS 火箭来运输两艘载货转移级。

载人地火转移级的初始质量为 356.4 t，总长 96.7 m。核热芯级为 106.2 t，液氢直列式贮箱（含推进剂）为 91.4 t，鞍式桁架和可抛液氢贮箱（含推进剂）为 96 t，有效载荷为 62.8 t。

载货地火转移级的初始质量为 246.2 t，总长 72.6 m。核热芯级为 96.6 t，液氢直列式贮箱（含推进剂）为 46.6 t，有效载荷的总质量约为 103 t。

与载货地火转移级不同的是，载人地火转移级采取了防辐射措施，并配备四块太阳电池翼，每块面积为 125 m²，可提供 50 kW 的电源支持航天员生活和电气系统工作。

2.1.2　NASA "从月球到火星"

自奥巴马政府提出 2030 年载人火星探测计划后，特朗普和拜登政府依然以载人火星探测为载人航天计划的最终目标，提出在 2025 年重返月球，实施阿尔忒弥斯（Artemis）计划，将月球轨道空间站门户（Lunar Orbital Platform-Gateway，LOP-G）作为载人火星探测的中转站，同时也作为下一代深空平台，推动载人火星探测发展进程[45-52]，2022 年 NASA 局长尼尔森提出在 2040 年前实施载人火星探测任务。图 2-6 为 NASA 火星之旅示意图，图 2-7 展示了以月球为跳板发展火星探测。

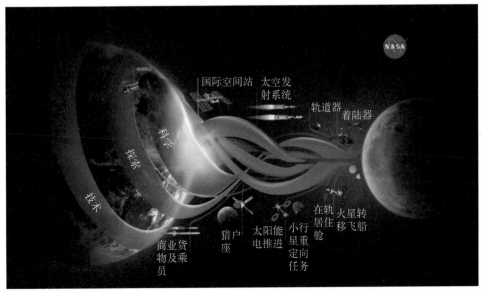

图 2-6　NASA 火星之旅示意图[51]

到2030年中期，我相信我们可以将人类送上火星轨道，然后安全返回地球，随后登陆火星。

NASA应该专注于我们正在做的更大的事情，包括火星（月球是其中的一部分）。

通过NASA的阿尔忒弥斯计划，美国正在为载人火星任务做准备……作为阿尔忒弥斯月球到火星计划的一部分，猎户座太空舱正在这座建筑中工作……到2024年，我们的航天员将返回月球表面，建立永久存在的火星发射台。

NASA一直把目光放在人类探索火星上。现在，随着人类在2024年重返月球，在21世纪末建立可持续的月球探索，我们能够清楚地看到，月球是通往红色星球的关键垫脚石。学习在月球上生活和工作将使我们越来越接近下一个巨大的飞跃，因为我们正在太阳系中寻找更遥远的生命。

Jim Bridenstine，
NASA局长

图2-7　以月球为跳板发展火星探测

阿尔忒弥斯计划是 NASA 未来一段时间内太空探索和载人航天计划的核心。该计划以国际空间站（International Space Station，ISS）上正在进行的载人航天飞行为基础，为包括首次探索火星任务在内的未来载人航天飞行计划做准备。NASA 的总体探索目标主要包括这三个领域——低地球轨道、月球和火星。第一，围绕近地空间，计划促进商业航天经济发展，实现低地球轨道运行向商业企业过渡，满足 NASA 的载人航天技术研发与科学研究需求，为载人太空探索奠定基础；第二，围绕月球，依托在研的载人太空探索设施，通过与商业企业和国际伙伴的合作，逐步提升月球着陆探测能力，加强对月球的认识，实现载人前往、环绕并最终登陆月球；第三，围绕火星，开展无人探测火星并发展相关技术，保障更远期的载人火星探测目标实现。

2020 年 4 月，NASA 发布《NASA 的月球持续探索和发展计划》报告，概括描绘了围绕阿尔忒弥斯计划展开的探月思路（见图 2-8），提出要在月球南极建一座"大本营"，组织一个四人小组前往 LOP-G，重点发展机器人和人类任务的结合、建立关键架构、发展硬件等。

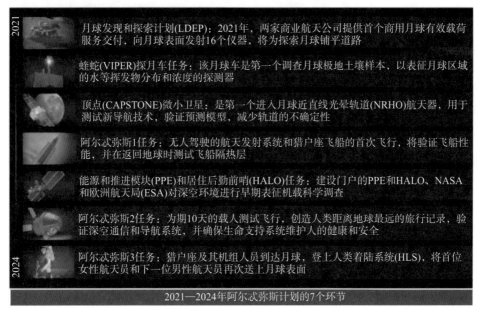

2021年

月球发现和探索计划(LDEP)：2021年，两家商业航天公司提供首个商用月球有效载荷服务交付，向月球表面发射16个仪器，将为探索月球铺平道路

蜚蛇(VIPER)探月车任务：该月球车是第一调查月球极地土壤样本，以表征月球区域的水等挥发物分布和浓度的探测器

顶点(CAPSTONE)微小卫星：是第一个进入月球近直线光晕轨道(NRHO)航天器，用于测试新导航技术，验证预测模型，减少轨道的不确定性

阿尔忒弥斯1任务：无人驾驶的航天发射系统和猎户座飞船的首次飞行，将验证飞船性能，并在返回地球时测试飞船隔热层

能源和推进模块(PPE)和居住后勤前哨(HALO)任务：建设门户的PPE和HALO，NASA和欧洲航天局(ESA)对深空环境进行早期表征机载科学调查

阿尔忒弥斯2任务：为期10天的载人测试飞行，创造人类距离地球最远的旅行记录，验证深空通信和导航系统，并确保生命支持系统维护人的健康和安全

2024年

阿尔忒弥斯3任务：猎户座及其机组人员到达月球，登上人类着陆系统(HLS)，将首位女性航天员和下一位男性航天员再次送上月球表面

2021—2024年阿尔忒弥斯计划的7个环节

图 2-8　NASA 阿尔忒弥斯计划任务

LOP-G 是一个绕月飞行空间站，可以支持时长为 30~60 天的载人任务。该空间站主要由居住舱、能源和推进模块、舱外活动模块和货物 / 后勤舱组成，如图 2-9 所示。

居住舱为猎户座乘员提供了额外的生活空间，并包含用于特定任务的科学站。能源和推进模块（Power and Propulsion Element，PPE）是动力和推力的主要来源，与居住舱相连。PPE 可以在无人状态下自动运行一段时间，同时允许猎户座在航天员在场时控制 LOP-G，从而保证乘员安全。舱外活动（Extra-vehicular activity，EVA）模块允许乘员出舱进行太空行走，

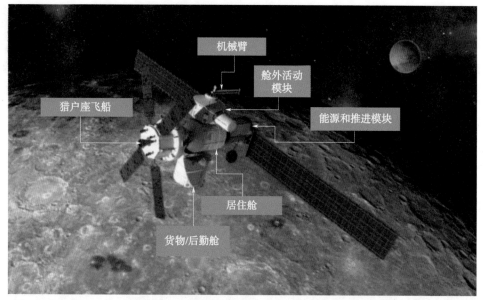

图 2-9　月球轨道空间站 LOP-G 示意图 [51]

由气闸舱和设备舱组成，用于存放太空服。机械臂在居住舱内操作，航天员无须离开 LOP-G 就可辅助对接程序并执行舱外操作。LOP-G 的最后一个部段是货物/后勤舱，可将物资运送到 LOP-G 并进行垃圾处理。LOP-G 坚固且可配置，国际合作商可进行站内科学实验或提供主要分系统。

　　未来，LOP-G 将成为绕月球运行的前哨站，为人类可持续、长期返回月球表面提供重要支持，同时也是深空探索的中转站，它是 NASA 阿尔忒弥斯计划的重要组成部分。

　　NASA 希望以月球独特的视角作为科学平台，回望地球，观察太阳，探索浩瀚宇宙。未来，NASA 还将继续与商业公司、其他航天机构合作，以应对太空生活的挑战，例如原位资源利用、太空垃圾处理等。月球任务离地球的距离是国际空间站任务的 1 000 倍，需要保证系统在远离地球家园的地方能够可靠运行，支持人类生活的需求。这些技术对于 5 500 万 km 的火星之旅至关重要。

　　最大的挑战是与地球的距离。月球近距离的通信延迟时间为 2.5 s，航天员需要在紧急情况、EVA 支持和月球操作方面更加独立。从地球到月球表面或 LOP-G 的遥控机器人操作仍然可以控制。火星的双向延迟时间为 6~44 min；此外，时间延迟要求乘员更加独立，并在体系结构和操作中加入冗余设计。在规划有关备件的维护和维修时，这一点尤为重要。利用可回收材料制成的 3D 打印部件可减少所需备件的数量。此外，如果有潜在危险，数字孪生健康监控可以提前向乘员发出警告，乘员可以采用 3D 打印技术打印新零件。虚拟现实或增强现实允许乘员在工作中学习如何安装和维修特定部件。图 2-10 为月球资源开发概念图。

图 2-10　月球资源开发概念图 [51]

　　月球和火星的探索是交织在一起的。月球提供了一个良好的空间环境来测试未来在火星上使用的工具、仪器和设备，包括人类栖息地、生命支持系统。航天员在 LOP-G 上长时间生活也将使研究人员了解人体在真正的深空环境中的反应，为未来的长达数年的载人火星之旅做好准备。图 2-11 为火星科学实验概念图。

图 2-11　火星科学实验概念图 [51]

2.1.3　洛克希德·马丁公司火星营地

（1）任务背景

2016 年 5 月，洛克希德·马丁公司首次提出火星营地（Mars Base Camp，MBC）（见图 2-12）的概念：在 2028 年出发，将科学家 / 航天员从地球送到火星轨道，并为人类登陆火星做好准备。火星营地的设计从 NASA 的 Deep Space Gateway（LOP-G 前身）设计演变而来 [53]。

火星营地计划的建立是为了探索人类在十年内登陆火星的可行性。一个关键任务特点是让科学家们接近火星和它的卫星，装备有新型探测器、巡视器、样品采集系统，以及处于低延迟控制下的远程探索设备，并有一个大型的样品分析实验室。

图 2-12　火星营地示意图 [53]

火星营地的任务目标是：1）执行火星表面科学地面资源的遥感和远程操作；2）在火卫一进行现场调查和取样器试验；3）在火卫二进行现场调查和取样器试验；4）在火星轨道上进行火星表面设备的交会对接。

（2）任务模式

火星营地方案重点是利用现有技术（SLS 火箭和猎户座飞船），分批发射各组件，在轨组装一个飞往火星的大本营，即火星轨道空间站，可将 6 名航天员送到火星轨道进行长期值守。

后续任务将包括一个可重复使用单级载人的着陆与上升器，以执行到火星表面的任务。后续任务也将过渡到使用从地球运输或太空获得的水来生产推进剂。

模式特征：月球轨道出发、人货分运、多次发射 / 对接、氢氧推进、电解水生产推进剂。

图 2-13 为基于火星营地的载人火星探测任务流程图。

图 2-13 基于火星营地的载人火星探测任务流程图 [53]

（3）运输系统

火星营地航天运输系统包括：猎户座、太空发射系统、居住舱、太阳能电推进系统、火星着陆与上升器等。猎户座飞船是整个系统的大脑，可以用作通信和导航，航天员在火星营地里可以操作火星表面上的机器人和实验设备。

猎户座（Orion）： NASA 第一艘深空乘员航天器，为长时间深空飞行而建造，以精心设计的全容错水平增强高可靠性，在出现多个故障时安全降落，并有以航天员生存为重点的应急系统。

太空发射系统（SLS）：重型运载系统，用于向火星运送航天员、重要实验室、设备和补给。

居住舱（Habitats）：在 NASA 下一步深空门户研究的基础上，深空居住舱将为航天员提供一个安全的生活和工作场所，使他们能够在进入火星轨道以及随后返回地球的长途航行中健康居住。

太阳能电推进（Solar Electric Propulsion，SEP）：基于在地球轨道和深空演示的技术，小行星重定向任务中体现的先进推进概念，12.5 kW 的霍尔推进器与 50~100 kW 的太阳能系统结合，将在火星轨道上预置定位模块，并将用于地月空间转移运输。太阳能电推进技术已经在许多卫星上得到了验证。

火星着陆与上升器（见图 2-14）：人类登陆火星是火星营地的根本目标，火星着陆与上升器是一个可重复使用的火星登陆器，使用液氢液氧推进剂。氢和氧由太阳能将水进行电解制得，水最初可以从地球运送，未来可以到小行星或月球获取，或直接在火星制取。火星着陆与上升器支持 4 名航天员在火星表面执行 2 周的考察任务。

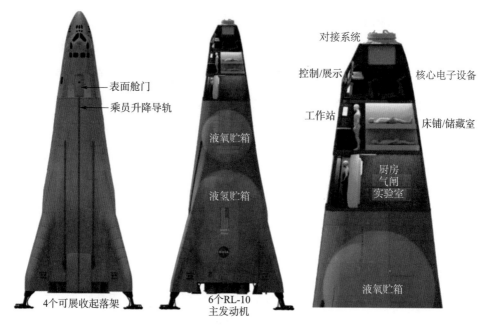

图 2-14　火星着陆与上升器布局图[53]

2.1.4　SpaceX 星际运输系统

（1）任务背景

美国太空探索技术公司（SpaceX）首席执行官埃隆·马斯克（Elon Musk）曾非常明确地表示，SpaceX 的目标是把人类送上火星。2008 年左右，马斯克首次提出了火星殖民运输系统（Mars Colonial Transporter，MCT）概念。

2016 年，马斯克在墨西哥举办的第 67 届国际宇航大会上提出火星移民设想和星际运输系统（Interplanetary Transport System，ITS）概念。之后，经过三次较大的名称及方案调整，包括从 2016 年 ITS 系统方案到 2017 年大猎鹰火箭（Big Falcon Rocket，BFR）方案，再到 2018 年超重－星舰运输系统（Super Heavy and Starship System）方案。

超重－星舰是 SpaceX 目前重点研发项目。2021 年 4 月，SpaceX 的登月版星舰成为 NASA 阿尔忒弥斯计划中载人登月系统（Human Landing System）的唯一着陆器。

预计 2025 年执行 1 次载人往返于环月轨道与月面之间的运输任务，此前需要完成 1 次无人和 1 次载人环月飞行演示验证。在 2017 年 9 月，马斯克指出，若研制和试验进展顺利，2022 年执行货运任务前往火星，2024 年首次载人飞往火星（见图 2-15）；按照当前进展，预计 2025 年开展货运任务，2027 年首次载人飞往火星[54]。图 2-16 给出了星舰任务时间线。

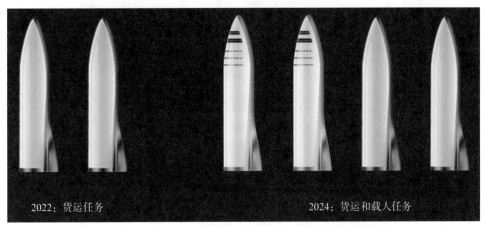

2022：货运任务　　　　　　　　　2024：货运和载人任务

图 2-15　2017 年给出的星舰前往火星任务计划 [54]

（2）任务模式

超重－星舰方案具体任务剖面包括：首先发射起飞规模为 5 000 t 的超重－星舰（包含 100 t 有效载荷或者运载 100 人进行长时间星际旅行），然后超重与载人版星舰分离，超重返回最初的发射点软着陆，实现可重复使用。星舰继续进入近地轨道，等待加注。

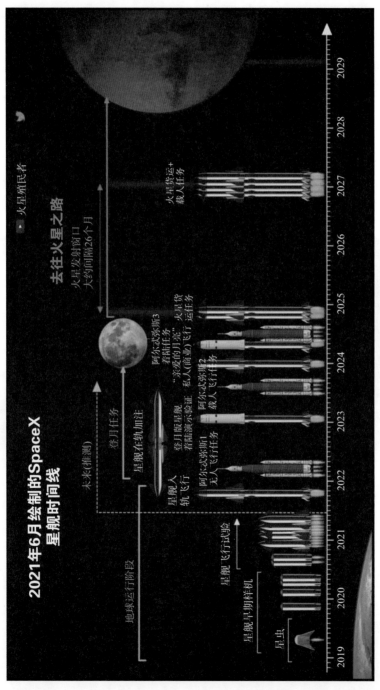

图 2-16　星舰任务时间线 [55]

随后发射加注版超重－星舰，同样分离后超重返回原场，加注版星舰与载人版星舰对接，并实现推进剂在轨加注，随后加注版星舰返回地球。

经过多次在轨加注后，装满推进剂的载人版星舰沿着地球—火星转移轨道直奔火星，它将利用太阳能电池产生能量维持飞船正常运行。抵达火星后，飞船将直接再入火星大气，利用气动减速，在合适时机调整自身姿态，并利用发动机推力进行最终减速，实现在火星表面软着陆。

在经过火星原位资源利用后，装满推进剂的载人版星舰起飞并直接返回地球，经过气动减速后，软着陆完成载人运输，实现两级完全可重复使用，并且不在地火轨道之间留下废弃物。

模式特征：LEO 出发、人货合运、液氧甲烷推进、在轨加注、原位资源利用、气动捕获。

图 2-17 为火星运输系统架构图。

ITS 计划瞄准人类殖民火星以及星际探索，不仅仅能够前往火星，也可以前往太阳系的其他星球。载人型飞船每程可搭载 100 名乘客，预计最短花费 80 天左右的时间抵达火星，如图 2-18 所示，而目前飞船抵达火星所需要的时间一般为 6~9 个月。远期的人员运送能力计划升至 200 名，飞行时间缩短至 30 天左右。在轨加注的对比如图 2-19 所示。

根据公布的总体方案和总体参数可推测出其在轨加注次数以及可提供的速度增量。加注满的星舰如果携带 50~100 t 有效载荷，能提供的速度增量约为 6~7 km/s，理论上可以实现 90 天左右到达火星。由于其初期并不需要返回地球，因此仅考虑单程的推进剂，规模得到大大缩减，且任务规划时可以不受停留时间和返回窗口的限制。远期采用原位资源利用技术可以在火星表面生产返程所用的推进剂，并可携带 50 t 有效载荷返回地球。

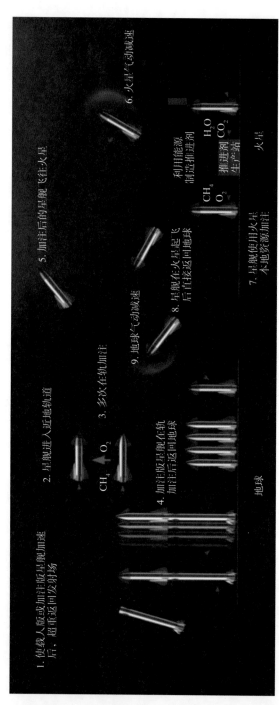

图 2-17　火星运输系统架构图[54]

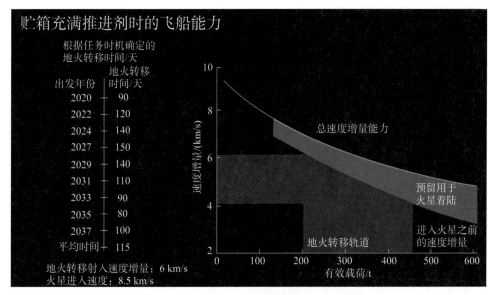

图 2-18　2016 年给出的地火转移时间图 [54]

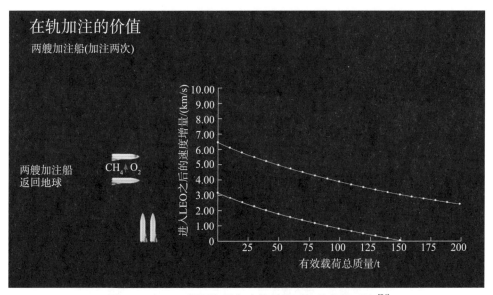

图 2-19　2017 版不加注与在轨加注两次的曲线对比 [54]

选取任务窗口 2033 年 1 月—12 月，地球停泊轨道高度 500 km，火星捕获采用大气制动捕获方式，设定允许进入火星稠密大气的最大速度为 8.5 km/s，按照星舰的猛禽发动机真空版比冲 380 s，结构干重 120 t、推进剂 1 200 t（包含着陆预留推进剂数十吨）估算，携带有效载荷 100 t 时，星舰总计 1 420 t，其中有效载荷与着陆预留推进剂之和作为地火转移的实际载荷。由此分析并绘制地球停泊轨道施加的速度增量、进入火星大气速度随发射时间和飞行时间变化的等高线图。按照 2033 年 6 月下旬出发计算，可实现 90 天左右达到火星。图 2-20 给出了地球停泊轨道施加的速度增量、进入火星大气速度随发射时间和飞行时间变化的等高线，图 2-21 给出了探测系统初始质量规模随发射时间和飞行时间变化的等高线。通过两张图可以分析出各关键参数随发射时间和飞行时间的变化规律。

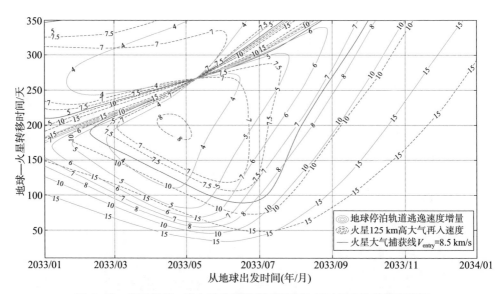

图 2-20　速度增量、进入速度随发射时间和飞行时间变化的等高线图

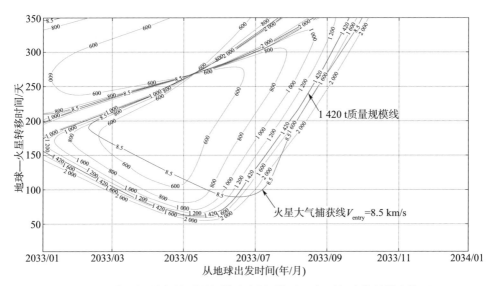

图 2-21 探测系统初始质量规模随发射时间和飞行时间变化的等高线图

（3）运输系统

2017 年，SpaceX 将 ITS 更名为大猎鹰火箭，包括推进级、载人飞船（BFS）和加注飞船。2017 版与 2016 版 ITS 飞船的总体参数相比，总规模缩小了近一半，直径从 12 m 缩减至 9 m，增强了工程可实现性。

2018 年公布的超重－星舰方案，分成用于推动星舰摆脱地球引力的运载火箭助推级超重和上面级飞船星舰两部分。其有效载荷运载能力从最初设计的 150 t 降低到 100 t，最大直径由 12 m 缩减到 9 m，并提出"全不锈钢版"箭船组合概念，将腹部大面积增加隔热层，该方案在不断修改中逐渐向可实现的方向发展。

2019 年 9 月的发布会上公布，超重火箭＋星舰飞船总高度 118 m，起飞推重比为 1.5。超重火箭高度 68 m，直径 9 m，干重 200~300 t，推力 72 MN，装配 37 台猛禽发动机，其中 7 台可摆动，其余固定；推进剂容量为 3 300 t，着陆架采用 6 个固定式，级间段位置安装 4 个菱状栅格舵。星舰高度 50 m, 结构干重 85 t, 推进剂加注量 1 200 t, 推力 12 MN, 配备 6 台发动机, 包括 3 台海平面版 (海平面推力 200 t, 海平面比冲 330 s, 真空比冲 355 s) 和 3 台真空版 (真空推力 220 t, 真空比冲 380 s)。前部和后部各有两个驱动鳍, 底部有 6 个可展开式着陆支架。主体结构材料全部采用不锈钢合金, 腹部大面积采用隔热层。

2020 年 3 月, SpaceX 发布《星舰用户手册》1.0 版本, 明确了有效载荷的包络尺寸、电气接口、机械接口、载荷环境等, 并给出了在不加注情况下单次发射的运载能力以及满加注状态下的运载能力。采用 9 m 直径的翻盖式舱门, 最多可以支持高达 22 m 的有效载荷, 能够运输大型卫星、大型空间望远镜、补给加注箱等其他载荷。

SpaceX 的超重 - 星舰运输系统方案发展至今, 主要是 2017 年的规模缩小和 2018 年由碳纤维复合材料调整为不锈钢这两次重大变化, 其余就是气动外形、各级长度与全箭尺寸、发动机台数等优化调整。2021 年提出了取消超重着陆支腿的方案, 采用发射塔架辅助回收, 进一步减小超重的结构质量。

当前最新版的超重配备 33 台性能更为强大的猛禽二代发动机, 单台推力可到 230 t, 内圈配置 13 台可摆动的发动机, 外圈配置 20 台固定的发动机, 星舰内圈配置 3 台可摆动的海平面发动机, 外圈配置 3 台固定的真空发动机, 同时增加推进剂加注量; SpaceX 宣称未来星舰最多可配置 9 台发动机。表 2-2 列出了 SpaceX 星际运输系统参数演变。超重 - 星舰外形变化情况如图 2-22 所示。

表 2-2　SpaceX 星际运输系统参数演变

参数	2016 版	2017 版	2018 版	2019 版	2020 版	最新状态
高度 /m	122	106	118	118	120	120
直径 /m	12	9	9	9	9	9
超重发动机台数	42 台猛禽	31 台猛禽	31 台猛禽	37 台猛禽	31 台猛禽	33 台猛禽
星舰发动机台数	9 台猛禽	6 台猛禽	7 台猛禽	6 台猛禽	6 台猛禽	6 台猛禽
起飞推力 /t	12 800	5 270	6 080	7 200	—	7 590
起飞质量 /t	10 500	4 400	—	5 000	5 000	5 000
完全重复使用 LEO 能力 /t	300	150	100+	100+	100+	100+
主要变化	加入助推级给出完整星际运输系统方案	总规模缩小近一半，星舰气动外形调整为三角尾翼	星舰前后各两个可摆动翼面，腹部贴隔热层，全不锈钢结构	星舰尾部改为两个驱动鳍、前鳍外形略有改动，着陆支架变成 6 个可伸缩式	超重发动机数量更新为 31 台	去掉了超重的着陆支腿，猛禽发动机从一代升级为二代

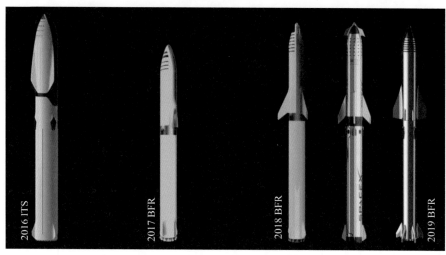

图 2-22　超重－星舰外形变化情况

　　超重－星舰是一种面向未来航班化运输的完全重复使用两级构型航天运输系统，当前方案全长约 120 m，箭体直径 9 m，起飞质量 5 000 t，起飞推

图 2-23　超重－星舰矗立在发射塔架

力达 7 500 t（见图 2-23）。超重－星舰采用船箭一体化设计，包括一子级超重和二子级星舰，完全重复使用情况下低轨运载能力超过 100 t，如果不考虑重复使用，运载能力将超过 200 t。一次能将 100 人送往月球、火星或其他遥远目的地，或将 100 t 的物资在 1 h 内快速投送到地球任意目的地。超重－星舰两级均使用过冷加注液氧甲烷推进剂，超重和星舰均使用共底贮箱，预估超重结构系数为 0.056，星舰结构系数为 0.077。

① 动力系统方案

超重助推器与星舰增压输送系统结构如图 2-24 所示，两者均采用中心输送管 + 共底贮箱结构，甲烷输送系统采用中心隧道管布局。星舰的液态甲烷通过隧道管穿过氧箱，并在氧箱底部通过五通与 3 台猛禽发动机的燃泵连接。目前试验样机 SN8~SN11 结构中的五通均布局在液氧贮箱内部，SN12 将五通进行了设计改进，并拟布局在液氧箱外，以减少箱底过多的焊接孔结构。液氧通过氧箱内底部的三通与氧泵连接，其三通的一个接口连接液氧头部小贮箱（Header tank）输送管。过冷氧通过氧箱底部的加注管路进行加注，过冷液甲烷通过与甲烷隧道管底部五通的一个连接口进行加注。星舰增压输送系统示意图如图 2-25 所示。

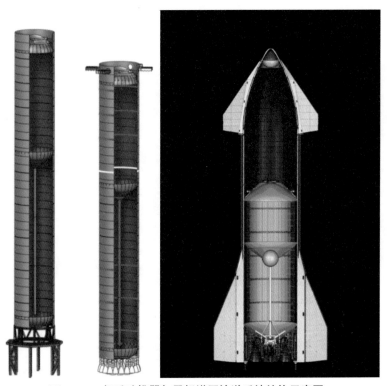

图 2-24　超重助推器与星舰增压输送系统结构示意图

图 2-25　星舰增压输送系统示意图

超重助推器一级发动机输送管路布局如图 2-26 所示。

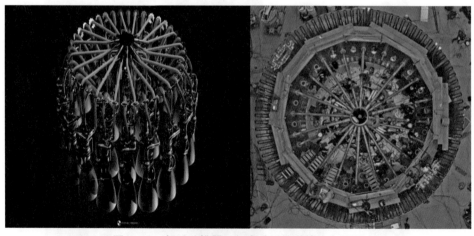

图 2-26　超重助推器一级发动机输送管路布局图

星舰氧箱、甲烷箱均采用了自生增压方案。液氧和液态甲烷分别通过各自涡轮腔中的换热器与高温燃气换热后给贮箱增压。头部小贮箱则采用氦气补压和自生增压组合方案。

星舰增压输送系统最大的特点就是采用了两个推进剂头部小贮箱（见图 2-27），其主要作用包括：1）降低推进剂沉底和晃动抑制需求；2）降低对贮箱增压需求；3）减少推进剂蒸发；4）配平火箭质心。

图 2-27　头部小贮箱实物图

猛禽发动机使用高效的全流量分级燃烧循环，主要由氧化剂供应系统、燃料供应系统、推力室、氦气供应系统、氮气供应系统、点火启动系统、预冷泄出系统、贮箱换热系统、推力矢量控制系统等组成，系统原理图如图 2-28 所示。

相比于猛禽一代（V1），猛禽二代（V2）的设计得到了极大的简化，其成本几乎降至一半，同时其生产制造更为简单，鲁棒性更强。猛禽 V2 发动机推力为 230 t，较 V1 增加了约 24%。猛禽 V2 发动机推力在主燃烧室压力 30 MPa 下达到 230 t，测试中推力峰值已达 247 t。后续 SpaceX 还将继续对该发动机进行简化，并增强其鲁棒性，推力有望达到 250 t。猛禽 V2 具有更大的喉部，降低了面积比，导致比冲降低约 3 s，但会显著增加推力，从而减少重力损失。猛禽 V1 与 V2 对比如图 2-29 所示。

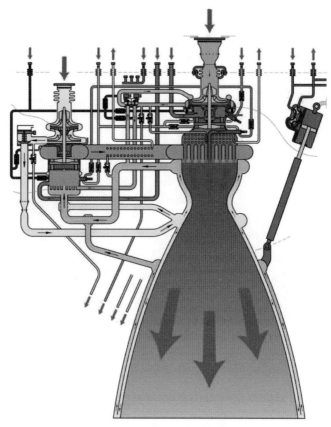

图 2-28　猛禽发动机系统原理图

②结构系统

星舰壳体采用不锈钢蒙皮 + 内桁条 / 端框的结构形式。方案之初蒙皮采用碳纤维材料，后考虑星舰低成本、重复使用、长期深空飞行及易维修等要求，壳体材料换为不锈钢。目前，在测试原型机中正在开展对 301、304L 不锈钢的测试。相比 301 不锈钢 1Cr17Ni17（碳含量 0.15%），304 不锈钢 0Cr18Ni9 碳含量更低（0.08%），铬（18%~20%）、镍（8%~10%）含量更高，在 1 400 ℃以上也不易被氧化，加工性好、耐高温。304L 超低碳不锈钢比 304 不锈钢含碳量更低，有更好的延展韧性和焊接特性。

V1: 185 t　　　　　　　　　　V2: 230 t

图 2-29　猛禽 V1 与 V2 对比图

超重助推器的栅格舵（见图 2-30）不像猎鹰 9 号火箭那样可折叠。取消折叠后，可以省去一套栅格舵锁定装置，减小了系统复杂性。在上升过程中，如果栅格舵不是处于大攻角，那么固定式栅格舵带来的阻力其实很小。另外，超重助推器的栅格舵也不像猎鹰 9 号那样平均间隔 90° 分布。之所以做出这一改变，是因为超重助推器对俯仰通道控制有更大的需求，因此将栅格舵放得更近，以增加俯仰通道控制能力。

③ 防热系统

星舰入轨后返回地球时要高速再入大气层，并且要求返回后仅需少量翻修和检查即可再次发射，这对其热防护系统提出了极大的挑战。星舰飞船原计划仅使用不锈钢材料，并采用基于发汗冷却系统的主动冷却技术，最终星舰决定采用可复用的六边形陶瓷基隔热瓦（见图 2-31），整体质量更轻。

图 2-30　超重栅格舵

图 2-31　星舰 SN4 原型上的六边形陶瓷基隔热瓦

④ 电气系统

超重 – 星舰电气系统由控制、遥测、外测安全、推进剂利用、故障检测、测试发控、总体网等系统组成。为了实现更优化的系统设计，推测超重助推器能源系统将统一设计，根据负载特性、功能需求、空间分布、重要程度等按需进行统一，对接口规格进行统一，基本设计思想如下。

统一供配电架构：对全箭全部供电负载按需进行统一能源分配；

系统级冗余：供配电系统考虑采用系统级冗余方式提高可靠性；

标准化接口：简化母线电压规格，由供配电系统根据负载需求提供可选的标准化一次电源接口；

部分传感器机内电池供电：部分距离较远的末端传感器和低功耗设备采用机内电池进行供电；

具备自检测能力：电池、配电模块具备单机自检测能力，可将自检测结果通过总线发送至箭上故检软件和地面。

（4）研制进展

SpaceX 公司从 2018 年开始先后研制了三个系列的试验样机并持续开展试飞工作，包括试飞样机星虫（Starhopper）、全尺寸原型样机 Mark（Mk）系列和 SN 系列，不断改进生产工艺，并测试猛禽发动机，提升性能。表 2-3 列出了 SpaceX 星舰样机试验情况。

表 2-3　SpaceX 星舰样机试验情况

原型样机	时间	状态
星虫	2019 年 7 月—8 月	成功，退役
星舰 Mk1	2019 年 11 月—12 月	部分损坏
星舰 Mk2		停止建造

续表

原型样机	时间	状态
星舰 Mk3/SN1		彻底损坏
星舰 SN2	2019 年 10 月—2020 年 5 月	退役
星舰 SN3		部分损坏
星舰 SN4		彻底损坏
星舰 SN5/SN6	2020 年 8 月—9 月	150 m 试飞，成功
星舰 SN7/SN7.1/SN7.2	2020 年 6 月—2021 年 3 月	测试专用
星舰 SN8	2020 年 12 月	硬着陆并损毁
星舰 SN9	2021 年 2 月	硬着陆并损毁
星舰 SN10	2021 年 3 月	软着陆随后爆炸
星舰 SN11	2021 年 3 月	在大雾中解体
星舰 SN12~SN14	—	停止建造
星舰 SN15	2021 年 5 月	10 km 软着陆成功
星舰 SN16		完成建造
星舰 SN17~SN19		停止建造
超重 B7+ 星舰 S24	等待中	试验中

星舰的试飞型号——星虫试验飞行器高 39 m，直径 9 m，装配了一台发动机原型机，在 2019 年 2 月份开展了点火试车，并进行首次低空"跳跃"试验的准备，跳跃试验在 SpaceX 位于南得克萨斯州新建的试验场进行。

2019 年 7 月 26 日，星虫试验飞行高度 20 m；2019 年 8 月 28 日，星虫试验飞行器进行了 150 m 高度垂直起落试飞，这也是星虫的最后一次试飞（见图 2-32）。

2020 年 3 月，SpaceX 星舰全尺寸原型样机 SN2 加压测试成功；2020 年 4 月，SN3 因测试环节设计失误报废。2020 年 5 月，SN4 通过加压测试，完成静态点火测试，并通过 0.75 MPa 低温测试，但最终损毁。

图 2-32　垂直起降测试飞行器星虫，完成了 150 m 高度的飞行试验 [56]

2020 年 8 月 4 日，SN5 在博卡奇卡（Boca Chica）基地首次开展了 150 m 低空跳跃飞行测试（见图 2-33），取得圆满成功。在点火后，SN5 通过单台猛禽发动机摇摆控制上升到预定的 150 m 高度后，横向移动并最终平稳降落到旁边的着陆区，整个过程不到 1 min。

图 2-33　星舰 SN5 跳跃飞行及着陆支腿展开 [56]

2020 年 9 月 3 日，SN6 再次成功完成 150 m 低空跳跃飞行。相比 SN5，SN6 优化了着陆腿，着陆更加可靠。

2021 年 5 月 5 日，星舰全尺寸原型试验机 SN15 在得克萨斯州博卡奇卡成功进行了高空飞行测试，这是 SpaceX 星舰原型机第五次挑战 10 km 级高度，也是首次完美软着陆，具有里程碑意义（见图 2-34）。

图 2-34　成功完成软着陆的星舰 SN15[56]

本次测试配备了三台猛禽发动机，有效验证了全尺寸星舰推进系统、姿态控制系统、导航系统、全不锈钢船体结构强度，以及推进剂加注由主推进剂舱切换到头锥推进剂舱、"腹部拍水式俯冲"关键性姿态控制、返航着陆能力。

2021 年 9 月，SpaceX 在博卡奇卡星舰基地完成超重 – 星舰总装，超重配备 29 台猛禽发动机，并且栅格舵处于展开状态，该配置方案用于首次轨道级飞行试验。2022 年 6 月，美国联邦航空管理局（FAA）通过 SpaceX 星舰得克萨斯州博卡奇卡基地的环评报告，允许星舰开展首次入轨发射飞行试验。为了确保地面安全性，此次飞行试验超重和星舰均溅落在海中。星舰的最终目标旨在实现 1 h 快速发射周转。

2.1.5　其他研究情况

还有一些机构也在持续开展载人探测火星任务的研究工作，如火星协会的发起人罗伯特·祖布林，一直致力于设计并推动直击火星计划，该计划经改进后被 NASA 所采用，作为其设计参考任务的一部分。罗伯特·祖布林曾担任洛克希德·马丁公司的高级工程师，之后创立了公益研究组织火星协会，他主张尽量使用现有技术直接瞄准载人登陆火星，整个方案经费量级较小，但是也存在一些技术风险[86]。

直击火星不需要太多的新技术，不需要空间站，可以在 10 年内就建立起火星上的第一个前哨，所利用的就是发展成熟的工程技术。只需要好好利用当地资源，把任务物流成本降低到可控水平，依靠现有技术和财政手段就可以完成。火星大气可以通过简单的化学工程技术转化为火箭推进剂，罗伯特·祖布林所在的团队已经在三个月内完成了效率为 94% 的全尺寸设备。

直击火星计划中采用重型运载火箭将 45 t 的返回地球飞行器运送到火星，返回地球飞行器的功能是从火星表面将航天员带回地球表面。其携带一个装在顶端的小型核反应堆、一个自动化学处理单元及科学火星探测器等。乘员舱内贮存的生命保障系统及食物可以确保 4 人团队返回地球的 8 个月的旅途生活。两个推进阶段需要消耗约 96 t 的液氧甲烷推进剂，降落在火星上的返回地球飞行器燃料箱几乎是空的，只携带 6 t 的氢作为推进剂生产原料。

经过了长达 6 个月的跨越太空之旅，返回地球飞行器来到了火星，随后飞行器速度下降，在轨道刹车并将停留几天进行飞行控制器最后的检查，之后进入火星大气。利用减速伞降速到亚声速，直到降落伞能够打开，触地前小火箭点火负责最后的软着陆。

降落之后，返回地球飞行器立即从周围稀薄的火星空气中寻找原料，制造返程推进剂。通过火星空气与地球上运送来的氢的化学反应，生产出提供给返回地球飞行器的推进剂。火星空气 95% 都是二氧化碳，二氧化碳与氢结合，产生甲烷和水。水又裂解成氢气和氧气，氧气贮存为火箭推进剂，氢气则继续进入反应链用于产生更多的甲烷和水。通过这种方式，可以将地球带来的火箭推进剂转换为 18 倍的能源。

7 个月后，确保化学反应过程已经顺利完成之后，确定理想的着陆点，然后一年之后，四名航天员发射升空，历经 180 天之后到达火星，将在火星表面进行 500 天科学探测。之后航天员乘坐返回地球飞行器历时 6 个月返回地球。此后每隔两年，就有两枚运载火箭升空，一个将深空居住舱运送至选定位置，一个运送返回地球飞行器，这样可以给予载人火星探测计划持续且不断拓展的支持，提供负担得起而且可以持续的发展方式。

简要综述，流程主要分为以下三步：

1）首先发射一枚只装载单程推进剂的地火转移级，携带火星探测器并使其在火星降落，为载人火星探测做好准备工作。

2）火星探测器及其试验机器展开后，在火星表面建立推进剂工厂，电解水，使用火星大气丰富的二氧化碳制造甲烷和液氧。

3）一切准备就绪之后，航天员们乘坐载人飞船飞向火星，开展载人火星探测之旅，有效减小地球出发规模。

2.2　中国

　　中国政府还没有公布具体载人火星计划，但提出过相关设想。中国将首次火星探测作为深空探测的重点之一，为载人火星探测奠定一定基础。2020年 4 月 24 日，中国行星探测任务被命名为天问系列，首次火星探测任务被命名为天问一号，后续行星任务依次编号。

　　天问一号（见图 2-35）通过一次发射实现火星"环绕、着陆、巡视探测"三大任务。2020 年 7 月 23 日，长征五号运载火箭（见图 2-36）托举着中国首次火星探测任务天问一号探测器成功进入地火转移轨道，采用霍曼转移轨道转移至火星（见图 2-37）。飞行 7 个月后，天问一号于 2021 年 2 月到达火星附近，在近火点附近实施制动，实现火星捕获。2021 年 5 月 15 日，天问一号着陆巡视器与环绕器分离后，进入火星大气，顺利降落在火星乌托邦平原。祝融号火星车驶离着陆平台，开展巡视探测等工作，对火星的表面形貌、土壤特征、物质成分、水冰、大气、电离层、磁场等进行科学探测。2021 年 11 月 8 日，天问一号环绕器实施第五次近火制动，准确进入遥感使命轨道，开展火星全球遥感探测。

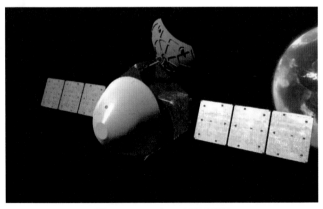

图 2-35　天问一号探测器

图2-36 长征五号运载火箭

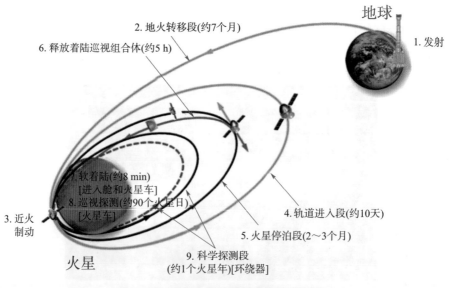

图2-37 天问一号火星转移轨道示意图

目前，天问二号预计在 2025 年实施发射。天问二号将从小行星取样返回，天问三号将从火星取样返回，天问四号将去往木星系。

在载人火星探测方面，中国相关研究机构和大学开展了大量的学术研究工作，包括不同地火转移轨道设计、不同推进技术应用分析和总体技术方案研究等。

郭海林等进行了火星探测任务中飞行原理和发射机会的分析，针对不同发射日期和到达日期的组合，采用 Lambert 方法，计算绘制了反映对运载能力要求的 C3 等高线图和反映对飞行器机动能力要求的 V_∞ 等高线图，用于综合决定最佳发射日期，并根据发射方位角限制要求讨论了发射窗口确定的方法[57]。陈杨等采用从二体模型到圆锥曲线拼接模型，再到精确动力学模型的思路，通过逐步迭代求解了满足火星 B 平面参数和转移时间约束的较高精度的地火转移轨道[58]。

哈尔滨工业大学深空探测研究中心对星际小推力转移轨道的设计和优化进行了多年的研究。崔平远等研究了地球—火星小推力轨道优化方法，提出了标称轨道优化模型、结合 Pontryagin 极小值原理和序列二次规划方法的混合优化模型，一定程度上解决了传统方法求解两点边值问题的困难[59]。张文博等以典型的 Aldrin 循环轨道为研究对象，基于星历表圆锥曲线拼接模型采用序列二次规划的方法分两种轨道机动策略优化了 2031—2045 年间的往返于地球和火星间的轨道，并将其同采用其他机动策略的优化轨道进行了对比分析[60]。

针对载人火星任务中气动捕获段的轨道设计问题，李桢等以载人火星探测任务为背景，建立了气动捕获段轨道的三自由度动力学模型。给出了满足任务要求的约束条件，求解了进入走廊，并分析了相关参数对轨道的影响。在此基础上采用遗传算法与序列二次规划相结合的串行优化策略，分析了通过侧倾角控制可达的航程范围。研究表明，气动捕获相对于直接减速入轨在能量需求上有显著优势，且具备一定的机动能力，是一种较为可行的载人火星飞船入轨方式[61]。

周旭东等进行了包括轨道方案和飞行器方案在内的飞行方案构想，以速度增量和飞行时间为轨道设计的核心参数，完成了一个载人地火往返飞行的完整飞行方案[62]。朱新波等提出了一种我国2030—2040年载人火星探测任务实施方案，并初步分析了发射窗口、轨道及飞行过程，梳理了载人火星探测关键技术[63]。洪刚等针对载人登陆火星任务需求，基于核热推进大比冲、高能量转换效率和低风险的优点，设计了8次地面发射、5次近地轨道对接、人货分运的任务架构，并提出了总推力为450 kN的核热推进总体方案[64]。王戈等针对未来载人火星探测、大型星际货物运输等的空间动力问题，开展了核热推进技术系统方案研究。对热抽气循环、冷抽气循环和膨胀循环等3种核热火箭发动机系统方案进行了对比分析，作为今后选择核热火箭发动机系统的参考[65]。

北京理工大学围绕载人火星探测任务相关技术开展了深入研究，涉及载人火星探测任务发射机会搜索、探测轨道优化设计以及探测系统质量规模分析等方面。对于发射机会搜索问题，研究基于传统能量等高线图法展开，徐瑞等人基于Lambert定理与Gauss算法改进了传统等高线图法计算量大、精确性不足的问题，提出全局－局部混合发射机会搜索方法[66]，王亚敏等人提出分层渐进搜索方法，实现了多体模型下的发射机会搜索[67]，乔栋等人结合主矢量原理对多脉冲转移轨道进行发射机会搜索，对比分析了多脉冲与单、双脉冲轨道的潜在发射机会[68]，崔平远等人基于Shape-Based理论，提出了一种快速发射机会搜索算法，提高了搜索效率[69]；对于探测轨道设计问题，主要研究传统优化方法在载人火星探测轨道设计领域的应用及其改进方法，任远等人基于解析梯度方法对地火转移轨道进行初始设计[70]，乔栋等人基于

GA 算法[71]、尚海滨等人基于 SQP 算法[72] 分别对推进剂最省的地火转移轨道进行精确设计，此外，研究还涉及金星借力、深空机动、连续推力转移、脉冲式转移等多工况下轨道优化设计方法，如 B 平面打靶法、多项式曲线法等探测轨道初始设计方法，基于 DE 算法、伪光谱法等探测轨道精确优化设计方法；对于系统质量分析问题，分别从计算效率与计算精度两方面入手，提出基于等比缩放等系统质量规模快速评估方法，研究基于全局优化方法的质量规模精确计算方法等，尚海滨等人对近二十年来的工作以及相关科研课题涉及的技术进行了整理和归纳[73]。

另外，中国正在开展重型运载火箭的研究工作，按当前计划，预计到 2030 年前后完成研制工作。

2.3 俄罗斯

2.3.1 科罗廖夫能源火箭航天公司方案

（1）任务背景

俄罗斯科罗廖夫能源火箭航天公司在 2005 年下半年制定了《2006—2030 年俄罗斯载人航天发展规划构想》（以下简称《构想》），该构想规划分为 4 个阶段[76-78]：

1）研制有经济效益的快船号可重复使用飞船（2010—2015）；

2）在发展国际空间站俄罗斯舱段的基础上开发近地空间（2015—2020）；

3）实施登月计划，开始开发月球（2020—2025）；

4）实施对火星的载人探索研究（2025—2030）。

表2-4为《构想》制定的载人火星探测的初步任务安排。

表2-4　《构想》制定的任务时间表

任务活动	时间
总任务时间	2.5 年
航天员火星表面活动	15~30 日

（2）任务模式

典型过程如图2-38所示，首先预计发射20次质子号火箭将火星探测器各组件送往近地轨道，与渡船号拖船对接并运送至轨道站，将其装配成一个综合系统。之后，将4人组成的乘组送往火星探测器。火星探测器在近地轨道上运行一段时间，在获得必需的加速度后，脱离地球轨道飞往火星。当火星探测器进入火星轨道后进行制动，最终分离出载有2名航天员的着陆与上升器。航天员在搭乘着陆与上升器登陆火星以后，将在火星表面上工作2~4周，

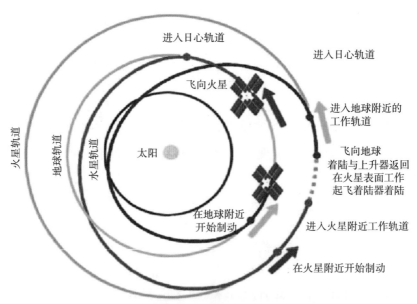

图2-38　俄罗斯载人火星探测飞行路线示意图[76]

之后返回位于近火星轨道上的火星探测器。在返回地球时，火星探测器进入日心轨道，两次横穿水星轨道，追逐地球，进行制动，进入地球轨道，返回地球。

（3）运输系统

无论是乘组人员和物资从地球转运到火星探测器上，还是在完成火星考察后抵达近地轨道并返回地球时，都要依靠快船－渡船系统实现。渡船号拖船（见图 2-39）是多功能可重复使用的轨道拖船，用于把各种货物集装箱舱和快船号载人飞船运到轨道站（如国际空间站）。快船号飞船由返回舱、座舱和发动机舱组成。在快船号飞船的飞行过程中，渡船号拖船起着重要的过渡作用。首先它与进入基准轨道的快船号飞船相对接，并将其运到空间站；之后再把快船号飞船从空间站转移到一定轨道使其独自返回地球。

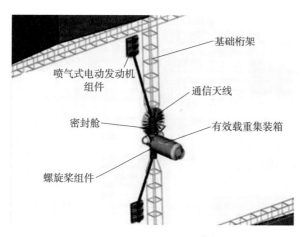

图 2-39　渡船号拖船[76]

火星探测器可以在近地轨道上进行维修，并可以重复使用。火星探测器的总体概况如图 2-40 所示。它主要包括火星轨道船、着陆与上升器、返回地球的救援船、电推进发动机和太阳能拖船等主要部件。

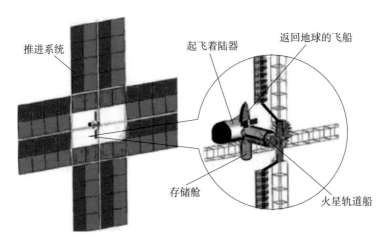

推进系统

起飞着陆器

返回地球的飞船

存储舱

火星轨道船

图 2-40　火星探测器的总体视图 [76]

火星探测器初始质量 480 t，着陆与上升器质量 35 t，乘组人数 4 人，飞往火星和返回地球的总时间 2.5 年。

火星探测器大概需要 400 台电推进发动机，每台推力为 70N 左右，所有这些发动机和发动机组都可独立进行工作，每组发动机包括工质贮箱、自身的控制系统及太阳能电池等部分。当长时间工作时，可达到星际飞行所必需的速度。探测器沿地球周围螺旋形轨迹运动的时间为 3 个月左右，在这个阶段发动机不间断地进行工作。

2.3.2　其他研究情况

2006 年，俄罗斯科学院院士 A.C. 卡拉杰耶夫携俄罗斯齐奥尔科夫斯基宇航科学院的多位专家学者共同编写了《载人火星探测》一书 [87]。该书以回顾苏联、俄罗斯半个多世纪的空间探测活动为基础，对载人火星探测工程技术系统进行了全面介绍，涵盖了火星探测的现状与发展趋势，包括星际任务组合体总体技术及各组件概述、飞行验证、近地轨道组装、火星基地、火星探测技术的应用、空间医学和生物学问题以及空间运输系统的概述等。书中重点介绍了星际任务组合体及其分系统的设计思路和方法，讨论了载人火星探测可能面临的技术问题，对火星探测计划实施进行了较为深入的任务分析[87]。

该书系统分析了载人火星任务组合体方案，认为航天员在完成火星任务后成功返回的安全性是决策星际任务组合体技术方案时的关键标准。星际任务组合体的研制应基于太阳电池阵和电推进装置，因为电推进系统可以采用模块化设计，少量模块出现故障不会影响整体任务开展，具有较高的冗余度。此外，高比冲的电推进装置还有助于减小发射质量，进而降低成本。而且电推进装置也为航天器的重复使用提供了可能性，同时也可以扩大飞行研制试验的规模。

通过对火星任务组合体的电源和推进系统进行综合分析，对其发射效率进行评估，得出两种优先推荐的电源和推进系统方案。一是非晶硅合金制造的配备薄膜太阳能电池的发电装置，总输出功率为 15 MW；二是带气体涡轮热电转换功能的模块式核动力装置，产生的总功率可达到 50 MW。

星际载人飞船设计和构型应尽可能地利用俄罗斯在礼炮号空间站、和平号空间站以及国际空间站俄罗斯舱段上使用的较成熟的技术、设计和系统。所选的飞行器的规模可以利用已有的运载火箭及其今后的改进型。可以利用推进剂贮箱来保护乘员，使他们不暴露在宇宙辐射中。该书论证了火星着陆与上升器和航天员返回飞行器方案。使用初始质量 35~40 t 的升降器，借助于反推装置与气动减速方式相结合的方案，可以将最多三名航天员或最多 20 t 的载荷投放到火星表面。这种着陆方案可以大大提高在火星上着陆的安全性。在火星任务结束后，星际任务组合体进入近地轨道，航天员可以搭乘星际载人飞船返回地球。应该考虑在联盟号飞船的基础上进行改进设计。星际任务组合模块和结构部件可以通过现有的运载火箭或改进的运载火箭发射到近地轨道。星际任务组合体通过对接系统和舱内机械手进行组装。

载人火星探测的基本任务阶段包括：在地球影响范围内开始飞行并向上旋转，沿日心轨道奔向火星，在火星影响范围内减速，向下旋转至近火星轨道，降落到火星表面，航天员在火星表面活动，返回星际任务组合体，从近火星轨道开始飞行，在火星影响范围内向上旋转，沿日心轨道开始返回地球之旅，在地球影响范围内减速，下降到近地轨道，载人飞船与空间站自动对接，进行检查后，航天员返回地球。

该书还提出应当推动火星基地的建立，其主要目的在于：可以根据过去地球和火星演变的比较分析数据，对地球在未来几个世纪的演变进行科学预测；可以搜寻过去和现在的生命迹象，探测磁场对生物的影响；可以为地月系统提供针对小行星和彗星威胁的安全措施。

全书最后一章进一步分析探讨了空间运输系统的概念。认为火星及月球探测计划可以使用现有的运载能力达 20 t 的不可重复使用的运载火箭。而研制出 35~40 t 级的运载火箭，可以在组装星际任务组合体的过程中极大地减少送入基准轨道的功能舱的数量。首先可以采用不可重复使用的火箭方案，随后可以升级到可部分重复使用的火箭，甚至可以发展到运载能力达到 12~14 t 的可重复使用的改进型火箭。由可重复使用的运载火箭、轨道间拖船和升降舱组成的空间运输系统是关注的重点，其各组件间须互相补充，相辅相成。

俄罗斯还牵头开展了模拟火星往返飞行任务的火星 500 实验，该实验于 2010 年 6 月在莫斯科启动，包括中国志愿者王跃等在内的 6 名来自 4 个不同国家的志愿者参与实验。实验全程在全封闭试验舱中进行，共分三个阶段：250 天从地球飞往火星的虚拟飞行，30 天火星表面停留，240 天归航飞行，总共持续 520 天，项目于 2011 年 11 月 4 日顺利收官。这项实验取得了圆满成功，证明了航天员能够应对漫长火星之旅引发的孤独、沮丧等心理不适，从而对密闭环境下人的自身极限能力的认识有了突破。

2.4　欧洲

2.4.1　曙光计划

（1）任务背景

欧洲航天局于 2009 年公布了被称为曙光的太空计划（Aurora Programme），曙光计划是欧洲提出的载人登月和载人火星计划。协同设计中心（Concurrent Design Facility，CDF）对奥罗拉载人登火星任务开展了先期概念研究，并于 2004 年 2 月提交了一份总体方案评估技术报告 Human Mission To Mars：Overall Architecture Assessment（以下简称 HMM）[79]。

HMM 任务 2033 年 4 月 8 日出发，共搭载 6 名航天员，总任务时长 963 天，其中有 30 天的火星表面短暂停留和半数的航天员登陆，2035 年 11 月 27 日航天员返回地球，其任务流程如图 2-41 所示。

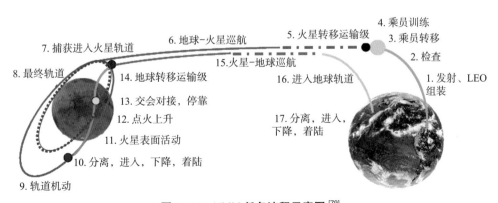

图 2-41　HMM 任务流程示意图[79]

（2）任务模式

HMM 方案中简化任务和选用成熟技术的思想贯穿始终。例如采用成熟的化学推进模式和已有运载器，使得进入 LEO 质量（IMLEO）较大，且需要漫长的近地组装时间；为了避免火星附近交会对接的风险，采取完全在地轨道组装的"整体式"飞行器体系；为了缩减任务规模，仅设计了 30 天的火星表面短暂停留和半数的航天员登陆，任务全程仅设计一个长期居住舱；为规避火星大气辅助变轨的风险，依靠反推发动机减速等。表 2-5 为 HMM中以 2033 年发射的任务为参考的任务时间概览。图 2-42 为 2033 年任务轨道总览。

表 2-5　HMM 任务时间表

任务活动	时间
离开地球	2033/08/08
地—火转移 / 日	207
抵达火星	2033/11/11
飞船绕行火星 / 日	553
航天员地表活动 / 日	30
离开火星	2035/08/28
火—地转移 / 日	206
抵达地球	2035/11/27

模式特点：人货合运，长时停留飞行方案（火星表面停留时间仅为 30 天，其余时间航天员停留于环绕火星飞行的飞行器中），发动机制动减速。

（3）运输系统

HMM 飞船（Transfer Vehicle，TV）由两部分组成：转移居住模块（Transfer Habitation Module，THM）和推进模块（Propulsion Module，PM）。其中转移居住模块是航天员生活的空间，推进模块主要为可执行转移机动的推进系统。

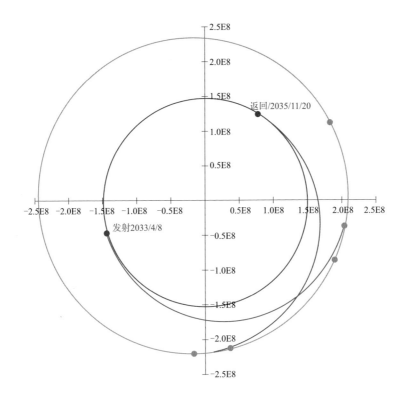

图 2-42　2033 年任务轨道总览 [79]

　　图 2-43 为完整的推进模块，包括进入地火转移轨道（Trans Mars Injection，TMI）系统、进入火星轨道（Mars Orbit Insertion，MOI）系统、进入火地转移轨道（Trans Earth Injection，TEI）系统，每个系统在使用后将被抛弃。其中，TMI 和 MOI 系统采取了分段推进的方式来提高系统效率；TEI 则采用单段推进，只有 1 个推进子系统，位于 MOI 模块中间的支撑结构内。TMI 包括连续的三段推进，每段推进使用 4 个推进子系统；MOI 由两段推进组成，每段推进使用 2 个推进子系统。推进系统的尺寸结构如图 2-44 所示。

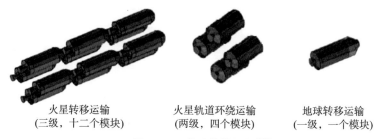

火星转移运输　　　　　火星轨道环绕运输　　　　地球转移运输
（三级，十二个模块）　　（两级，四个模块）　　　（一级，一个模块）

图 2-43　推进模块拆解[79]

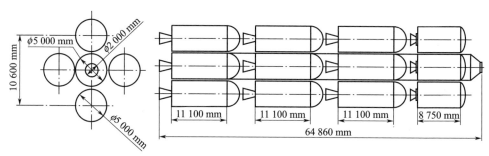

图 2-44　推进系统的尺寸结构[79]

2.4.2　其他研究计划

英国莱斯特大学物理学与天文学系教授马丁·J.L.特纳著有《远征火星》一书。该书系统阐述了火星探测任务的关键技术，重点对火星飞行的动力系统、能源系统等关键技术进行了论述，对未来人类开展的火星探测返回任务的难点和重点进行了深入细致的分析[88]。

该书首先介绍了人类在过去几十年航天探索上取得的成就，以及过去几代航天人对火星探测计划的思考。系统地整理了阿波罗工程的技术成就及遗产，回顾了沃纳·冯·布劳恩的《火星计划》的历史背景和相关内容，提出了载人火星探测的可行的技术方案。

该书分析了电推力器的可行性和设计思路，认为电推力器是从现在到未来的推进装置。系统阐述了电推进的基本原理，分析了电源和推力的关系，介绍了电弧加热推力器、离子推力器、新型离子推力器、等离子体推力器、霍尔效应或稳态等离子体推力器、射频等离子体推力器等新一代电推力器技术。

该书分析了核裂变推力器的可行性和设计思路。首先介绍了核热推进的基本原理和设计思路，随后分别介绍了推进剂输送、反应堆室、反射层和操纵杆、堆芯材料等分系统方案。探讨了核热推力器如何应用于远征火星，认为核推力器不能用于远征火星的所有任务过程，应该保留在火星轨道上，而不能让放射性物质进入火星大气。作者还推荐双模式核推力器，即 1 000 MW 以上的核热动力以及 100 kW 的电力。电力主要用于对液氢推进剂进行制冷。未来实现双模式核热推力器，必须将主推力器反应堆中的燃料元件分隔开来。

在全书的最后，作者发表了自己针对载人火星探测的看法。作者认为做出探索火星的决定应该是我们这一代人的任务。人类已经具备了必要的技术实力，确定了面临的问题，也提出了现在可以完成的解决方案。现在没有必要要求更多的信息，要找到人类能否探索火星的唯一途径，就是进行尝试，做出“去”的决定。这将开辟人类探索的新世界，可以找到我们每个人都感兴趣的科学问题的答案，并让我们将精力和力量都用在一项必然为人类造福的工作上。

2.5　小结

1）载人火星探测已成为各航天大国下一个研究热点和追逐的目标之一，并持续开展相关研究工作，提出了相关方案设想，美国政府已正式宣布 2040

年前开展载人火星探测任务，SpaceX 更是计划在 2030 年前开展载人火星任务，并最终实现火星移民。

2）各航天大国及地区的相关方案都基于自身运载技术，方案多样。美国主要选择更大胆的火星表面长停留方案，欧洲、俄罗斯均选择短停留方案；NASA 公布的 DRA 5.0 方案选择人货分运和更先进的核推进技术，欧洲、俄罗斯选择更加成熟和保守的人货合运、化学推进和电推进，中国学者也提出基于重型运载火箭发射的核热转移级方案。

3）美国 2040 年前载人火星任务具体方案一直未公布，SpaceX 采用了液氧甲烷、人货合运的一体化运输、火星大气制动的方案。

4）各研究表明轨道设计、推进技术以及出发点选择等是影响整体任务复杂性、系统规模和任务安全性的重要因素。

第3章

载人火星探测任务架构设计因素

　　载人火星探测的任务过程复杂、系统规模大、影响因素多，使得其总体任务架构设计空间宽、设计选项多且互相耦合程度高。载人火星探测任务架构设计首先需要聚焦关键设计指标，梳理关键设计因素，理清关键设计因素对设计指标的影响关系。鉴于当前航天技术水平与未来技术发展趋势，载人火星探测的能量需求、飞行时间与系统规模是关注的关键设计指标，三者之间的权衡是任务架构设计的难点所在，受到人货转移模式、转移轨道类型、地球出发时间、地球停泊轨道、推进技术、地球逃逸模式、火星捕获方式等关键设计因素的影响。因此，在开展具体的任务架构和方案研究之前，需要分析清楚这些设计选项的影响，以便找到最优设计点或符合具体要求的设计选项组合。表 3-1 给出了载人火星探测任务架构设计的关键设计因素。

表 3-1　载人火星探测任务架构设计的关键设计因素

序号	设计因素类型	具体设计因素
1	人货转移模式	人货合运
		人货分运
2	转移轨道类型	合式轨道 / 冲式轨道
		循环轨道
		不变流形轨道
		连续推进轨道
3	地球出发时间	不同的出发时间（2030 年，2033 年，2035 年，2039 年……）
4	地球停泊轨道	环地 LEO 轨道
		环地 GEO 轨道
		环地 HEO 轨道
		环月 HLO 轨道
		地月 L2 点周期轨道
		日地 L2 点周期轨道
		……
5	推进技术	化学推进（液氧甲烷 / 液氢液氧）
		核电
		核热（核裂变）
		核聚变
		天梯出发
		……
6	地球逃逸模式	双曲线轨道交会对接逃逸
		地球停泊轨道交会对接逃逸

续表

序号	设计因素类型	具体设计因素
7	火星探测目标与模式	火卫一和火卫二
		火星
		环绕探测
		登陆探测
8	火星停泊轨道	环火低轨道
		环火大椭圆轨道
9	火星停留时间	短时间停留（数十天）
		长时间停留（数百天）
10	火星捕获方式	动力制动捕获
		大气制动捕获
11	地球返回模式	再入返回地面
		返回停泊轨道

3.1　人货转移模式

由于载人火星探测任务系统规模庞大，以可预见的运载火箭的发射能力，难以通过一次发射完成任务。因此，对于载人火星探测任务而言，存在两种可能的转移模式：1）人货合运转移模式（ALL-UP）；2）人货分运转移模式（SPLIT）。

人货合运转移模式是指将载人和货物作为整体，一次性由地球运送至火星，开展相关探测活动；人货分运转移模式则是指将载人和货物部分分多个批次由地球运送至火星。例如，可以在地火转移机会出现时首先将货物运送至火星，在下一次转移机会出现时再将航天员及相关系统运送至火星，并与之前的货物进行对接，开展火星探测活动。

3.2 转移轨道类型

3.2.1 合式轨道与冲式轨道

载人火星探测任务与无人火星探测任务相比，单纯从任务阶段划分看，增加了火星停留阶段和火星—地球返程阶段，载人火星探测的往返轨道相互耦合，无法直接利用等高线图法对探测机会进行分析。火星停留时间会影响地球—火星转移轨道和火星—地球转移轨道的性能，是载人火星探测设计的重要参数。因此，根据在火星停留时间的长短，载人火星探测的基本轨道可以分为长停留合式轨道（见图 3-1）和短停留冲式轨道（见图 3-2）。

"合"与"冲"是天文学的一组概念，若固定太阳位置观察地球和火星位置，当地球、火星和太阳连成一条直线时，地球和火星位于太阳两侧即为"合"（相位角为 180°），地球和火星位于太阳同侧即为"冲"（相位角为 0°）。因此，合式轨道可以定义为转移终点与起点的日心扫角在 180° 附近的轨道，冲式轨道可以定义为转移终点与起点的日心扫角在 0° 或者 360° 附近的轨道。若往返转移均采用合式轨道，停留火星时间一般较长，因此往返均采用合式轨道的方案又称为长停留合式轨道；若至少单程采用冲式轨道，停留火星的时间可以大大缩短，因此单程采用冲式轨道的方案又称为短停留冲式轨道。

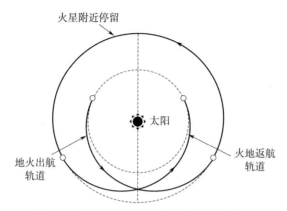

图 3-1　载人火星探测合式转移轨道示意图

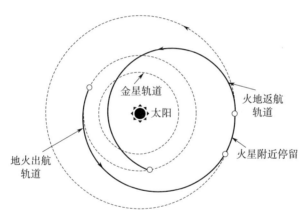

图 3-2　载人火星探测冲式转移轨道示意图

3.2.2　地火循环轨道

地球与火星之间存在一种特殊类型轨道——循环轨道。探测器沿地火循环轨道可以定期重复地飞抵地球和火星，这种特性使得其存在用于长期多次载人火星探测任务的潜能。

循环轨道是相对直接轨道和两端停泊轨道而言的，包括全循环轨道、火地半循环轨道、地火半循环轨道和两端停泊循环轨道。表 3-2 列出了地球—火星转移轨道基本类型。

表 3-2　地球—火星转移轨道基本类型

转移方案	地球	火星	轨道示意图
表面直接 转移方式	表面	表面	
半表面直接 转移方式	表面	停泊轨道	
两端停泊轨道 转移方式	停泊轨道	停泊轨道	
全循环轨道 转移方式	飞越	飞越	
火地半循环轨道 转移方式	飞越	停泊轨道	
地火半循环轨道 转移方式	停泊轨道	飞越	
两端停泊循环轨道 转移方式	停泊轨道	停泊轨道	

　　美国曾提出于 2035 年左右在火星建立一个永久的 20 人规模的火星基地，为了将航天员以及建立火星基地所需的物资运送至火星表面，需要多次往返于地—火之间，该任务可以采用循环轨道。另一方面，循环轨道也为载人火星探测任务的人货分运任务模式提供了更自由的设计空间。

　　适用于载人火星探测任务的地火循环轨道是由 Aldrin 发现并提出的，又称为 Aldrin 全循环轨道[14-15]。全循环轨道的循环周期为一个地火小会合周期，即 2.14 年。在每个地火会合周期内，Aldrin 全循环轨道会与火星相遇一次，与地球相遇两次。

　　根据地火相对几何位置的不同，Aldrin 全循环轨道又可以分为出航型循环轨道和归航型循环轨道。出航型循环轨道是指探测器与火星交会的位置在其日心轨道的近日点之后、远日点之前，适用于地火转移任务；归航型循环轨道与火星交会位置在其日心轨道的远日点之后、近日点之前，适用于火地返回任务。需要注意的是，出航型和归航型循环轨道的主要区别在于发射时间影响交会位置而非轨道形状。这两类循环轨道如图 3-3 和图 3-4 所示。

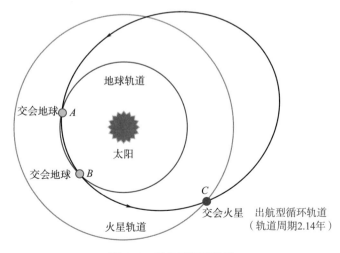

图 3-3　出航型循环轨道

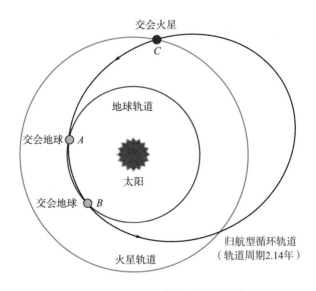

图 3-4　归航型循环轨道

3.2.3　基于不变流形轨道

　　19 世纪晚期，庞加莱在对动力学系统稳定性的研究中发展了动力学系统理论，该理论是从几何角度讨论动力学系统在六维相空间中所有可能的运动状态。在对圆型限制性三体问题的研究过程中，他提出了流形的概念。庞加莱发现，如果质点 P 的（不稳定）运动是周期性的，那么在相空间中会存在一个与之相关的特殊超曲面，质点 P 可能的运动轨道均位于该曲面上，称之为不变流形。不变流形是指一种状态量的集合，集合中的点随着时间的演化始终停留在该集合内。换言之，如果质点 P 运动的初始状态位于某个不变流形超曲面上，那么除非其受到外力的影响，否则它将永远运动于该超曲面上。

　　根据动力学系统理论，对于任意 Halo 轨道均存在与之相连的稳定和不稳定流形，这些流形刻画了共线平衡点附近的运动行为。图 3-5 给出了日地系统 L1 和 L2 点 Halo 轨道及与之相连的不变流形结构。

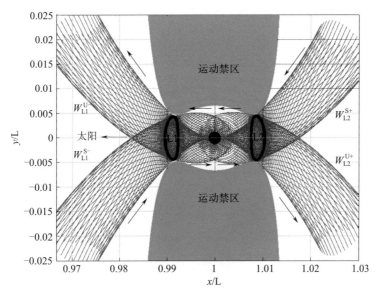

图 3-5　Halo 轨道的不变流形结构

3.2.4　连续推进轨道

连续推进轨道转移主要采用电推进、太阳帆等推进器，其特点是比冲大、推力小、可长时间作用于飞行器。连续推进系统虽然推力较小，但相对于传统的大推力推进系统具有较高的比冲，将该系统用于轨道转移可以大大降低推进剂与飞行器的质量比，从而进一步提高探测器的有效载荷比，因此连续推进轨道转移被视为未来深空探测的关键技术之一，世界各航天大国都对连续推进器的在轨应用进行了相关验证。

在连续推进轨道转移过程中，推进器的长期作用使得飞行器的轨迹不再具有圆锥曲线的特性，这使得传统的圆锥曲线拼接方法不再适用，且使得飞行器运动的动力学方程具有较强的非线性。在一般轨道设计过程中往往需要求解满足一定初末端约束条件的轨道，可通过优化转移过程中推力的大小和方向，在满足约束的条件下，使得一定的性能指标达到最优。但是由于系统的非线性使得最优控制问题并无解析解,往往需要通过数值优化算法进行求解。图 3-6 为地球影响球内连续推进轨道图。

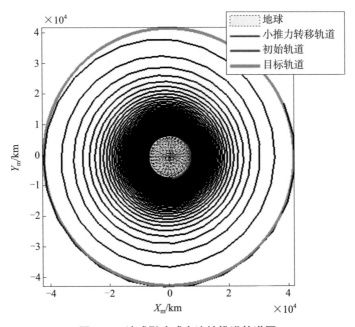

图 3-6　地球影响球内连续推进轨道图

3.3　地球出发时间

对于行星际探测任务而言,由于地球与目标天体的相对几何位置始终处于变化中,这使得进行任务设计时必须合理选择地球出发的时间。对于火星探测任务而言,无论是合式轨道还是冲式轨道,其地火转移轨道和火地返回轨道中至少有其中之一采用的是推进剂最优转移轨道。地球和火星的小会合周期约为 2.14 年,因此,大约每 2.14 年会近似重复出现载人火星探测机会。然而,由于每次小会合周期过后,地球和火星只是相对几何位置会近似出现,并非绝对几何位置出现，使得每个小会合周期出现的载人火星最优转移机会不尽相同。另一方面，探测系统规模是载人火星探测任务关注的最为重要的指标之一，而系统规模对地火往返轨道的变化是非常敏感的，这使得进行载人火星探测任务分析时，不能简单地在一个地火小会合周期内分析其轨道，需要考虑大范围的从地球出发区间，以寻找满足任务需求的探测机会。总的来讲，地球出发时间是载人火星探测任务总体架构设计时必须要考虑的重要设计因素。

3.4　地球停泊轨道

地球停泊轨道是载人火星探测任务总体架构设计中的关键设计要素，是影响整个探测任务架构设计最为重要的因素之一。在地球附近，可以作为载人火星探测任务的停泊轨道选项很多，主要包括以下几种。

（1）环地 LEO 轨道

航天器距离地面高度较低的轨道。一般轨道高度在 2 000 km 以下的近圆形轨道都可以称之为环地 LEO 轨道。

（2）环地 GEO 轨道

环地 GEO 轨道又称为地球静止轨道，轨道上运行的卫星相对地面上的任何一个观测站都静止不动。地球静止轨道的高度约为 35 786 km，轨道周期为 24 小时。

（3）环地 HEO 轨道

绕地运行且轨道高度在 35 786 km 以上的一类轨道。这种轨道的轨道周期要长于 24 小时，所以这类轨道上运行的航天器有着明显的逆行运动，即便是它们位于轨道倾角在 0°~90° 之间的顺行轨道，由于其轨道速度小于地球自转速度，其星下点轨迹在地面上也是向西运行的。

（4）环月 HLO 轨道

为环月高轨道，一般椭圆轨道的近月点为 100 km，远月点为数万千米。图 3-7 为 LEO 轨道、HEO 轨道、GEO 轨道和 HLO 轨道示意图。

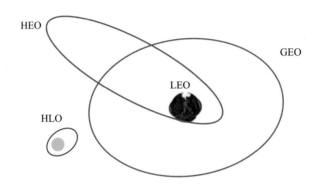

图 3-7　LEO 轨道、HEO 轨道、GEO 轨道和 HLO 轨道示意图

（5）地月 L2 点周期轨道

为地月 Halo 轨道，指的是在航天动力学的三体问题中，靠近地月三体系统直线平衡点 L2 点的周期性的三维轨道，是地球和月球的相关力互相作用于航天器的结果，如图 3-8 所示。

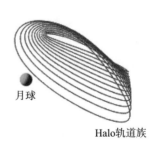

图 3-8　地月 L2 点 Halo 轨道

（6）日地 L2 点周期轨道

为日地 Halo 轨道，指的是在航天动力学的三体问题中，靠近日地三体系统直线平衡点 L2 点的周期性的三维轨道，是太阳和地球的相关力互相作用于航天器的结果，如图 3-9 所示。

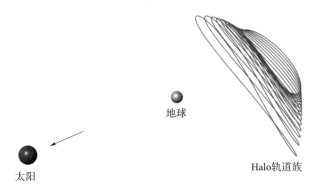

地球

Halo轨道族

太阳

图 3-9　日地 L2 点 Halo 轨道

地球停泊轨道的选择与人货转移模式和推进技术选择因素相关。一般来讲，地球停泊轨道的选择主要取决于两个方面：1）主要由载人火星探测任务顶层设计要素——探测任务架构决定。对于单次载人火星探测任务而言，可以选择环地 LEO 轨道、GEO 轨道和大椭圆轨道作为停泊轨道，这可以根据运载火箭的发射能力具体确定。对于多次载人火星探测任务而言，上述轨道均可以作为潜在的停泊轨道，其既是出发轨道，也是返回地球时星际转移飞行器的停靠轨道。2）主要由载人火星探测航天运输系统的推进技术选择和任务流程决定。对于混合推进系统，可以选择环地 HEO 轨道、日地 L2 点周期轨道等高势能轨道作为停泊轨道，可以利用高比冲的电推进系统加速进入高势能轨道。待地火转移窗口开启时，地火转移飞行器与地面发射的载人飞船在合适位置进行交会对接，奔向火星。地球停泊轨道对载人火星探测任务复杂度、任务流程、系统规模影响很大。

3.5 推进技术

对于载人火星探测任务而言，推进技术的选择至关重要，其直接决定了探测任务的可行性。目前，载人火星探测任务可能采用的推进系统主要包括脉冲推进、连续推进和混合推进，其中脉冲推进包括化学推进和核热推进，连续推进包括核电推进等，混合推进系统则是综合利用脉冲推进和连续推进系统，未来还可能采用核聚变推进和天梯出发。

3.5.1 化学推进

化学推进系统采用液氢液氧或液氧甲烷等作为推进剂，特点是推力较大，技术成熟度高，快速实现性好，安全可靠且技术风险较低，但比冲较低，采用化学推进系统可以满足载人火星探测任务周期约束，但低比冲将使得航天运输系统规模较大。对于载人火星探测任务，应采用高性能的低温化学推进系统，例如液氢液氧推进系统。当然，采用此类化学推进系统面临着低温推进剂在轨贮存、规模大等挑战。采用化学推进当推进剂消耗完时最好将空贮箱及时抛掉。对于液氢液氧推进系统比冲最高可达 460 s，液氧甲烷推进系统比冲可达 380 s。图 3-10 为 SpaceX 公司研制的使用液氧甲烷推进剂的猛禽发动机，图 3-11 为我国研制的使用液氧煤油推进剂的 YF-100 发动机。

3.5.2 核推进

根据核能的获取形式可分为核裂变能和核聚变能，根据推进形式又可分为核热推进、核电推进。较传统化学推进，核热推进系统具有高比冲和长寿命的特点，其比冲可达化学推进的两倍,核热推进易于产生较大的功率和推力，

图 3-10　猛禽发动机

图 3-11　YF-100 发动机

适用于快速大规模载人火星探测任务。核电推进则是由核能首先转化为电能，再由电能实现对工质的加热和离解，具有高效能、高速度增量、极高比冲、长寿命等特点，可以大幅缩短任务周期、提高有效载荷比，核电推进若应用于快速载人火星探测任务，还需提高推力。核推进技术还需要解决核辐射对航天员及飞行器相关设备的危害等问题。

3.5.2.1　核电推进

核电推进的工作原理是将核反应堆产生的热能转换成电能，利用电能将工质离子化并高速喷出，从而产生推力。核电推进系统的组成如图3-12所示，主要由空间核反应堆、热电转换系统、热排放系统、电源管理和分配系统以及大功率电推进系统5部分组成。

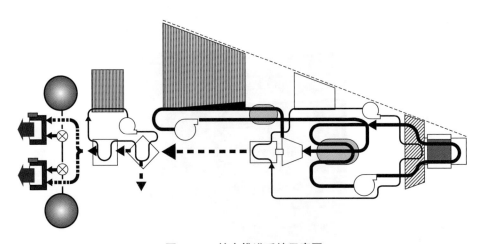

图 3-12　核电推进系统示意图

核反应堆是将核燃料能量转换为热能的装置，目前均为核裂变类型，包括中子增殖堆（由燃料组件、冷却剂、反射单元等组成）、反应堆控制系统和屏蔽系统3个部分。空间核反应堆有多种燃料可供选择，最常用的是 Pu-239 和 U-235，燃料丰度均在90%以上，以减小反应堆的质量。为了降低核反应堆跌落水中引起的核泄漏风险，通常在核反应堆中插入控制棒。此外，对于载人探测器，需要合理设计反应堆的屏蔽层，减小辐射剂量。

热电转换系统的功能是将核反应堆产生的热能转换成电能，主要有 2 种转换方式：静态转换和动态转换。静态转换需利用材料的物理属性将热能转换为电能（如热电子、热离子和热光子转换），转换效率为 4% ~ 10%。动态转换需利用旋转机械将热工转换为电能（如布雷顿、朗肯和斯特林转换），转换效率为 10%~30%。布雷顿循环的工作原理以及组成远比朗肯循环简单，涡轮系统不与冷却金属接触，机械结构的工作寿命远远长于朗肯循环系统。此外，空间微重力对布雷顿循环不会产生影响。因此，高效率、长寿命的布雷顿转换技术是 MW 级核电推进系统的优先选择。

热排放系统的功能是将反应堆、热电转换系统、电推力器和飞船电子元器件等组件产生的废热排放到宇宙中去。绝大多数热电转换系统的效率低于 30%，其余热量必须排放到宇宙空间中。空间的唯一散热方式是热辐射，目前主要有 3 种类型的散热器：热管辐射冷却器、泵循环液态金属冷却器、液滴散热器，其中热管辐射冷却结构简单，目前应用最广。

电源管理和分配系统的功能是对核电源的电能进行集中管理，将电能分配给大功率电推进系统和飞船其他有效载荷。大功率电源管理和分配（PMAD）系统设计主要关注如下性能：多次使用的可靠性、高电压或高电流使用时的安全开关电路、电源处理效率和质量功率比。

大功率电推进系统的主要功能是利用电能将推进剂电离并高速喷出，从而产生推力。电推进系统主要由电推力器、贮供系统和电源处理单元构成，其中电推力器是核心单机。目前，电推力器主要包括静电离子电推进、静电霍尔电推进、电磁类型电推进等。其中，电磁类型电推进 MPDT 和 VASIMR 可以单台达到 1 MW 级功率水平。

核电推进系统是利用核能源提供电能，这也是其与太阳能电推进系统的最大不同之处。核电推进系统的特点是推力小、比冲高，但推重比低。核电推进系统比冲可达数千秒，目前比质量为 20 kg/kW，未来可望达到 10 kg/kW，但推重比依然仅有 0.000 65 左右。采用核电推进系统可以有效减少载人火星探测任务的推进剂消耗。然而，由于其推力较小，一般为几牛到几十牛量级，这对于大规模的载人火星探测系统而言所能产生的推力加速度过小。因此，采用核电推进进行载人火星探测的任务周期将较长，特别是将花费很长的时间用于地球逃逸、火星捕获和火星逃逸。

从国际上空间核推进发展历程可以归纳出以下几点发展趋势。

1）为实现载人深空探测目标，从缩短任务周期、提高有效载荷、保障航天员人身安全的角度考虑，核电推进系统的功率水平从数百 kW 级向 MW 级发展。随着功率的大幅增加，降低质量功率比将是核电推进系统设计过程中重点关注的目标。

2）长寿命 MW 级核裂变反应堆电源是未来空间核电源的发展趋势。为了延长寿命，提高能量转换效率，具有发射和跌落（水中）安全性、在轨燃料补给能力和多层冗余设计的快中子型粒子床反应堆（Pe-BR），以及采用多级压缩、多级膨胀的布雷顿动态转换技术将成为未来重点突破的关键技术。

3）大功率、高比冲和大推力成为未来电推力器的主要发展方向，为满足 MW 级功率扩展要求，MPDT 和 VASMIR 将是优先发展对象。需要重点突破 MW 级的 MPDT 的阴极长寿命、等离子稳定性控制技术，VASMIR 的高温超导技术、大功率射频技术。

3.5.2.2　核热推进（核裂变）

核热推进系统（见图 3-13）采用核裂变作为能量来源，特点是推力大，比冲高于化学推进系统，但技术成熟度还较低，采用核热推进系统可以较好地满足载人火星探测任务周期和推进剂消耗约束。核裂变反应推进的基本原理是：工作介质流过核热反应系统（反应堆）吸收能量，产生高温高压的气体，然后通过喷管被加速到超声速，从而产生推进动力。核裂变推进系统主要包括两大部分：总体部分（贮箱、增压输送系统、涡轮泵及喷管）和核反应堆部分，如图 3-14 所示。

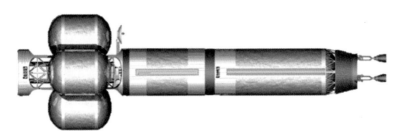

图 3-13　核热推进系统

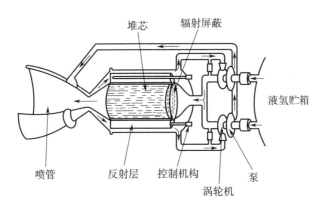

图 3-14　核裂变推进系统示意图

与传统的基于化学能的火箭推进系统相比，核裂变推进系统突出的优点是比冲高。核裂变推进发动机比冲与工质的加热温度和其分子量比值的平方根成正比，工质分子量越小，发动机比冲越高。当采用氢作为推进工质时，理论上比冲能够达到 1 000 s，因此能够有效减小载人火星探测系统的规模。由于核热推进系统仍采用液氢作为推进剂，因此同样存在低温推进剂在轨长期贮存的问题，且需要防辐射层，加上单一的液氢贮箱，其运输系统的结构效率较氢氧组合推进剂低。核热推进系统作用下的探测器轨道仍然为弹道式，其与化学推进系统最大的不同在于，核热推进系统主要由一个高性能核心级和可抛推进剂贮箱组成，当推进剂消耗完时可将推进剂贮箱抛掉。

美国、苏联均完成了多台核热发动机样机的制造与地面试验工作，技术成熟度较高。考虑未来技术进一步发展，采用液体堆芯或气体堆芯的核热发动机将进一步提升推进剂出口温度，提升发动机比冲。核热推进具备巨大的发展潜能，但目前看来短期内仍难以实现。

通过研究历史上有代表性的核热推进系统的主要设计参数（见表 3-3），可以看出，早期设计的核热推进系统虽然推力较大，但由于堆芯功率密度和工质最高工作温度较低，从而造成了发动机系统的体积和质量较大，比冲较小，性能指标不高，很难与航天器系统兼容匹配。因而，国际上相继放弃了推力 100 kN 以上的核热推进系统的研制计划，转而发展推力几万牛，功率密度更大、比冲更高、体积和质量更小的核热推进系统。就具体堆芯设计而言，堆芯方案都从均匀化堆芯转向了非均匀化堆芯设计，并且将堆芯的主要部件模块化。

表 3-3　国外核热推进系统设计参数对比

参数	NERVA（美）	PBR（美）	CERMET（美）	CIS（美）	MITEE（美）	RD-0410（苏）
时间	1962—1972 年	20 世纪 80 年代	1990 年	1990 年	20 世纪 80—90 年代初	1977—1980 年
堆芯功率 /MW	4 100	1 945	2 000	335	75	185

续表

参数	NERVA（美）	PBR（美）	CERMET（美）	CIS（美）	MITEE（美）	RD-0410（苏）
推力 /kN	930	333	445	65.7~66.7	14	36
工质最高温度 /K	2 460	3 000	2 728	2 900~3 075	3 000	2 900
比冲 /s	825	950	832	940~955	1 000	900
质量 /kg	9 430	1 705	9 091	2 224	200	1 600
完成形式	发动机试车	组件试验	燃料试验	方案设计	燃料试验	发动机试车

核裂变推进系统技术的发展趋势可以总结为：1）小型化，发展功率密度较高、体积和质量更小的核热推进装置，具有更高的推重比；2）模块化，将核热推进装置的组成部分模块化，可以对各模块进行单独试验，降低试验难度，节省研制费用；3）双模式，在核热推进中附加一个发电模块，可实现推进、发电两大功能，特别适用于载人航天任务。

核热推进经过半个多世纪的发展，因为其所涉及的理论和技术问题相当广泛，需要的投入巨大，所以发展不是一帆风顺的，还受到环境、财政情况等因素的制约和影响。尽管如此，核热推进技术还是得到了巨大的发展，其中的固相核热推进技术已经具备了开展空间飞行验证试验和空间应用的技术基础。国际上针对核热推进技术一直在开展研究，取得了巨大发展。另外，美国近年来在聚变推进原理和基础技术上取得了突破，并在不断投入开展研究工作，设想应用于未来载人火星计划中。

3.5.2.3　核聚变推进

核聚变相比核裂变，最大的优势之一是其丰富的燃料储备和更高的比冲，其来源是海水中极其丰富的氢原子同位素氘和氚。聚变能量极高，聚变中氚是放射性元素，但其半衰期短（12 年，铀的同位素半衰期为数亿年到数十亿年不等），放射性污染也相对小，比裂变碎片的放射性处理简单很多。因此，核聚变能源的清洁等优点吸引了科学家为之数十年不懈的努力，将核聚变能源作为动力发展星际旅行就变得极具诱惑力。核聚变理论的提出已经有数十年，世界上有一部分科学家对这种核动力的火箭系统也非常看好。

　　核聚变推进是一种正在研究的未来推进技术，其采用等离子体喷射流技术，将等离子体流注入火箭喷嘴，聚变系统中会形成强大的磁场，在磁场中的等离子体周围使用金属环内爆，等离子体在各层金属环（锂金属）结构控制的压力室内被压缩，从而对等离子体施加强大的向心压力，进而引发核聚变。周围的金属环形成一个外壳激发核聚变的发生，点燃核聚变的过程仅几微秒，将能量突然释放出来。尽管只有这么短的压缩时间，但发生的核聚变作用已经足以产生足够能量，迅速加热并导致锂金属外壳在磁场控制下的喷嘴区域蒸发、离子化。此时在超高温下蒸发的金属外壳便会被高速喷出火箭喷口从而推动火箭前进。这一过程大约每隔一分钟重复一次，驱动火箭不断加速飞行。该推进技术尚处于概念研究阶段。图 3-15 为核聚变发动机工作原理图。图 3-16 为核聚变驱动火箭喷嘴部分示意图。

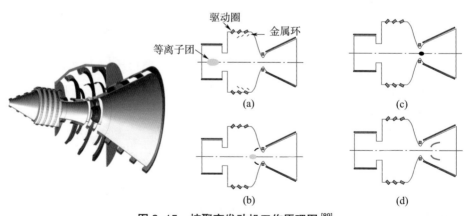

图 3-15　核聚变发动机工作原理图 [89]

　　固体金属锂推进剂不需要很大的贮箱，锂被迅速加热，并加速到非常高的喷出速度（>30 km/s），因此该型火箭的比冲能达到 2 000 s 以上，同时高温电离的推进剂与飞行器本身没有物理接触，就避免了对火箭的破坏，并使热载荷得到限制。

图 3-16　核聚变驱动火箭喷嘴部分示意图[90]

该动力系统的比冲是核聚变总增益的函数，如式 3-1 所示。

$$I_{sp} = \frac{\sqrt{2E_k/M_L}}{g_0} \qquad (3\text{-}1)$$

通过计算得到最小的期望比冲为 2 440 s，最大可达 5 720 s。可以看出，比冲在低的核聚变增益部分下降较快，如图 3-17 所示，这是因为此时锂金属环的电离代价显著上升。

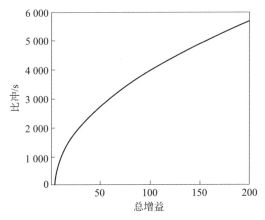

图 3-17　基于冻结流损失的比冲与核聚变总增益的变化关系[90]

一次核聚变供能过程只会维持数微秒，只要每分钟重复一次这种反应，航天器就可以获得持续且强大的推动力，这类似于连续脉冲推进的方式，其性能参数如表3-4所示。

表3-4 核聚变推进系统性能参数

参数名称	数值
比冲 /s	2 000~5 000
喷气功率 /MW	36
核聚变推进系统结构质量 /t	15
推力转换效率 / （%）	90
聚变增益	200

2011年以来，华盛顿大学的科学家与空间推进研究公司（MSNW）进行了一项新型核聚变火箭技术的研究，并称有望将载人火星航行变成现实。如果核聚变动力真的成为现实，这趟行程30~90天就可以完成。

华盛顿大学提出的核聚变转移飞船前往火星计划已经有了详细的计算机建模和初步试验结果。所设计的核聚变火箭只需要质量很小的核材料，一粒沙子大小的核材料所提供的能量约为3.8 L的火箭推进剂所提供的能量。已经在实验室中完成了整个过程的测试，现在正在进行整体试验验证，并实际检验核聚变的技术方案。研究组设计和生成了一种特殊的等离子体，其被自身的磁场束缚。当这些等离子体在磁场中受到强烈压缩时便会发生核聚变。

华盛顿大学已经完成了对金属环的汇聚和原理可行性分析及三维模拟，一个系统级模型以及初步推进系统设计已完成，考虑了载人和不载人两种任务。第二阶段研究将重点放在获得核聚变推进火箭（FDR）技术发展的3个关键准则：1）核聚变推进火箭的物理过程需要机理清晰和得到验证；2）全面给出核聚变推进火箭在空间应用的设计和技术发展；3）完成基于核聚变的火箭总体设计和飞行器整体设计的深入分析以及任务架构。一个缩比的、实验室的金属环压缩测试设备（见图 3-18）将采用充分的动力能量（约为 0.5 MJ）来使其达到聚变状态。金属环汇聚的研究将在金属环压缩验证测试后。一个完整的核聚变推进火箭和飞行器的设计将完成，包括：概念描述，所有分系统的方案、成本、技术成熟度（TRL）评估。任务设计架构分析将检验一个宽范围的任务架构以及这种核聚变推进系统的研究目标。

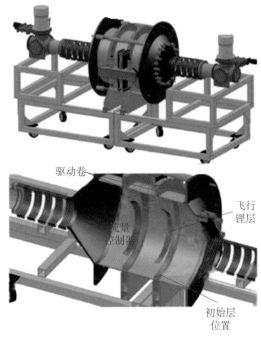

图 3-18　改进的金属环压缩试验验证设备示意图 [90]

3.5.2.4　混合推进

混合推进系统是综合利用大推力和小推力推进系统，其中小推力推进系统的应用阶段主要有两个：一是整个探测系统的地火往返转移阶段，二是地火转移级的地球附近轨道转移阶段。然而，配置混合推进系统时将增加探测系统的设计复杂度，同时增加系统的干重，因此混合推进系统的适用性应详细论证。

3.5.3 天梯

天梯是一种将有效载荷从地球表面运送到空间的新型进入空间的运输系统，其原理为通过绳索将地球表面的锚点与位于 GEO 轨道上方的空间锚点连接，通过运行于缆绳上的载荷舱将有效载荷送入空间。

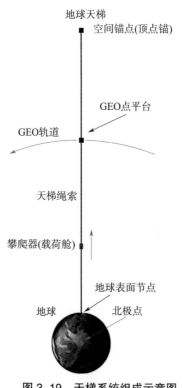

地球天梯
空间锚点(顶点锚)

GEO点平台

GEO轨道

天梯绳索

攀爬器(载荷舱)

地球表面节点

地球 北极点

图 3-19　天梯系统组成示意图

天梯系统的基本组成如图 3-19 所示，整体天梯系统主要由天梯绳索、地球表面节点、GEO 点平台、空间锚点、攀爬器以及能源系统等构成。绳索是天梯系统最重要的组成部分，其主要功能是向攀爬器提供攀爬的途径，使其能够沿着绳索从地表节点进入空间，同时平衡整个天梯的重力与系统绕地球转动形成的离心力，因而对绳索的材料有着极高的要求；攀爬器是运输有效载荷进入空间的运载器，其沿着绳索爬升，进入轨道后将有效载荷释放；地球表面节点和空间锚点分别位于绳索的两端，起到固定绳索位置、调整绳索姿态的功能。能源系统主要提供攀爬器向上爬升的动力能源。

天梯能够实现 7×24 h 连续运输，单部天梯每周 GEO 运载能力达到 140 t，单位载荷发射成本为 200 美元 /kg[91-92]。

根据碳纳米管材料的发展情况和趋势分析，碳纳米管材料在未来允许使用应力达到 60 GPa，弹性模量为 103 GPa。通过计算得到天梯系统绳索总质量、空间锚点的质量等。设计绳索为 10^5 km、攀爬器个数为 10 个时，天梯各组成部分的总体参数如表 3-5 所示。

表 3-5　地球天梯各组成部分的总体参数

参数		数值
总运载能力		140 t/ 次，7 000 t/ 年
绳索	允许使用应力极限 /GPa	60
	长度 /km	100 000
	质量 /t	1 718
标准绳索攀爬器	质量 /t	20
	数量 / 个	10
	平均速度 /（km/h）	213
	能量需求 /MW	1.6~6.0
顶点锚	质量 /t	1 282
	高度 /km	100 000

攀爬器在一定程度上与空间飞行器类似，主要区别在于能源与驱动系统的不同，其他系统可参考以往的空间飞行器进行设计。攀爬器的系统组成主要包括：1）控制系统，负责攀爬压力控制、运动控制、运输控制；2）能源系统，采用激光、太阳能、核能等混合方式；3）机械系统，含主动预紧装置、导向机构、驱动轮系；4）驱动系统，提供攀爬动力及运动控制；5）传感系统，负责攀爬器状态监测及环境感知；6）其他辅助系统，如测控通信系统、热控系统、姿控系统；7）有效载荷系统，包括对接装置及有效载荷舱。

天梯能源系统采用地面电能、激光能、太阳能和核能组合的方式。各种能源在为天梯系统供电时进行分段供电，发挥各种能源在特定区域供电的优点，满足天梯系统正常工作。

空间锚点的主要作用是维持天梯的平衡与稳定。空间锚点不仅仅是天梯末端的一个质量块，还应具有向不同方向移动的能力，以达到调整天梯姿态和位置的目的。地球表面节点提供天梯与地球表面连接的节点，其规模为

10^5 t 级，采用海基锚点方式。GEO 点平台是天梯系统重要的关键节点平台，也可作为更远距离运输的中转站，同时也是天梯运行的通信中枢。月球引力实验室、火星引力实验室分别位于天梯绳索某固定高度处，其引力加速度接近于月球、火星表面引力加速度，可以分别实现对月球、火星表面引力环境的模拟。

天梯绳索的建造方案：1）将母绳系统送入 LEO 轨道；2）从 LEO 轨道转移到 GEO 轨道；3）绳索释放及系统稳定性控制（根据展开方式可分为单向展开和双向展开）。

空间锚点的建造途径：1）捕获附近的小行星；2）利用绳索编织攀爬器和 GEO 废弃卫星；3）从地面运输推进剂补充质量，达到一定的操控能力。

地球表面节点可以借鉴钻井平台的建造经验来实现，当前的海基钻井平台已具有数十万吨级的规模。

3.5.4 小结

推进系统是影响载人火星探测任务规模的主要因素，不同的推进方式各有特点。从推进技术类型来看，可分为化学推进和核推进两个大类，另外，天梯建成后，也可以作为载人火星探测的空间出发点，结合相关推进技术具有较大的优势。

化学推进可以选用液氧甲烷和液氢液氧组合，虽然其比冲性能较低，但其技术成熟、系统相对简单；在核推进中，核电推进技术结合了核能的高能量密度和电推进的高比冲优势，但是当前热电转换效率与推重比过低；核热推进在比冲和推力方面都较为优秀，是目前航天大国开展载人火星探测的重要选择，技术上也存在许多难点，如反应堆稳定性、辐射污染等；而核聚变推进理论上具有更高比冲性能，但还存在技术可行性不确定问题，因此核聚变将作为更长期的应用目标；天梯作为一种未来大规模低成本进出空间的运输系统，其建成后可作为载人火星探测出发点，可大大减小系统规模。各推进技术的性能指标范围如表 3-6 所示。

表 3-6　不同推进方式的性能指标范围

类型	子类型	比冲 /s	推力	推重比	备注
化学推进	液氧甲烷	380	数百吨	60~120	技术成熟
	液氢液氧	460		20~60	
核推进	核电 – 裂变	3 000~10 000	~10 N	~0.000 65	推重比极小，推力小
	核热 – 裂变	~900	数十吨	3~4	核安全问题，推重比小
	核聚变	2 000~10 000	—	—	可行性尚不确定
天梯	天梯出发	—	—	—	需天梯建成后实施

3.6　地球逃逸模式

根据地球停泊轨道的选择不同，载人火星探测系统的地球逃逸方式也有所不同。一般来讲，地球逃逸方式包括双曲线轨道交会对接逃逸和地球停泊轨道交会对接逃逸。

（1）双曲线轨道交会对接逃逸

双曲线轨道交会对接逃逸适用于任意类型的地球停泊轨道。载人地火转移级加速逃逸地球，载人飞船则由运载火箭直接送入双曲线逃逸轨道，并在双曲线轨道上与载人地火转移级实现交会对接（见图 3-20）。这种逃逸方式对运载火箭运载能力和交会对接的技术难度均提出了较高的要求，并且任务风险较大。

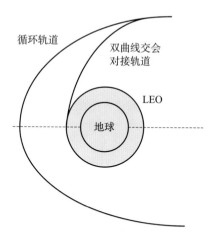

图 3-20　双曲线轨道交会示意图

（2）地球停泊轨道交会对接逃逸

地球停泊轨道交会对接适用于环地 LEO 轨道、环地 GEO 轨道和环地 HEO 轨道等停泊轨道情况。载人地火转移级运行于停泊轨道上，载人飞船由运载火箭发射入该停泊轨道，并在停泊轨道上与载人地火转移级实现交会对接（见图 3-21）。交会对接完成后，载人地火转移级与载人飞船组合体将实施加速机动逃逸地球。相比而言，这种逃逸方式能够降低对运载火箭运载能力和交会对接的要求，任务风险较小。

图 3-21　地球停泊轨道交会示意图

3.7　火星探测目标与模式

对于不同的火星探测目标（见图 3-22），所采用的探测模式是不同的。总的来讲，根据是否进行火星着陆探测，载人火星探测任务可以分为火星环绕探测任务和火星着陆探测任务。火星环绕探测任务是指不进行火星着陆，而环绕火星探测，也可以针对火卫一和火卫二进行探测。火星着陆探测任务是指着陆火星，在火星表面进行探测的任务，其又可以进一步分为机器人登陆任务与航天员登陆任务。不同的探测模式会影响携带的有效载荷，而每一种任务在合式轨道和冲式轨道下又有不一样的执行方式。例如，对火卫一和火卫二进行探测时，需要配置火星探索飞行器，航天员到达火星停泊轨道后将搭乘探索飞行器实现对火星卫星的探测。而对于火星着陆探测，则需要探测任务配置火星着陆上升系统。相比火星探索飞行器，火星着陆上升系统的质量规模要大得多，这将对探测任务的运输能力提出更高的要求。

图 3-22　火星及其卫星

通常来讲，为使载人火星探测任务获得足够多的科学回报，探测系统应同时具备火星环绕探测和火星着陆探测能力，即应在一次任务中同时考虑火星环绕探测和火星着陆探测两种模式。

3.8 火星停泊轨道

火星停泊轨道的选择对火星捕获和火星逃逸所需的推进剂消耗有重要影响，也影响了进一步的火卫探测和火星着陆探测的任务复杂度。火星停泊轨道主要包括环绕火星低轨道和环火大椭圆轨道，如图3-23所示。对于环火低轨道，其所需的火星捕获和火星逃逸推进剂消耗均较大，而这些推进剂是作为货物由地球运输而来，因此选择环火低轨道作为火星停泊轨道将增加载人火星探测系统的质量规模。相比而言，采用环火大椭圆轨道作为火星停泊轨道所需的火星捕获和火星逃逸推进剂消耗较少。

图 3-23　环绕火星低轨道和环火大椭圆轨道示意图

3.9　火星停留时间

火星停留时间是载人火星探测任务设计中的重要设计因素。受到行星星历约束,地火转移段和火地转移段轨道的性能如何主要取决于地球和火星的相对几何关系,停留时间则是影响相对几何关系的重要参数。一般来讲,火星停留时间与火星探测任务模式密切相关,主要由探测任务目标决定。例如,若仅对火卫一和火卫二进行探测,则可以选择短停留时间方案。同时,火星停留时间的长短决定了载人火星转移轨道的类型,由合式和冲式轨道的特点来看,长停留任务应选择合式转移轨道,短停留任务则应选择冲式轨道。

3.10　火星捕获方式

火星捕获方式是载人火星探测任务架构设计重要的设计选项。火星捕获方式主要包括动力制动捕获(见图 3-24)和大气制动捕获(见图 3-25)两种。动力制动表示飞行器接近火星时,采用发动机点火反推减速,进而使飞行器进入目标轨道;大气制动表示飞行器接近火星时,采用火星大气来实施减速制动,进而使飞行器进入目标轨道。采用动力制动实现火星捕获的风险较小,其缺点是需要大量的推进剂,这将增加载人火星探测系统质量规模。相比而言,尽管火星大气制动捕获的技术难度较大,但其可以有效降低火星捕获所需的推进剂消耗。

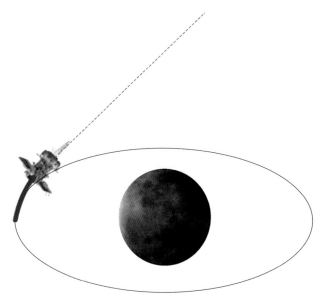

图 3-24　动力制动捕获示意图

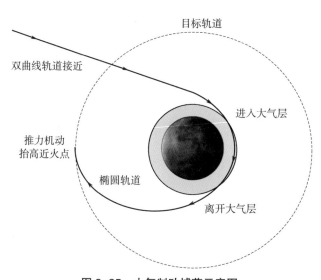

图 3-25　大气制动捕获示意图

3.11　地球返回模式

　　对于一次性载人火星探测任务，返回地球之前载人飞船和地火转移级将首先进行分离，地火转移级将被遗弃于空间中，而载人飞船则会再入地球大气并返回地面。对于重复使用载人火星探测任务，为了充分利用地火转移飞行器，在返回地球之前载人飞船和地火转移飞行器也将进行分离，分离后地火转移飞行器通过轨道机动入轨至地球停泊轨道，而载人飞船则再入地球大气并返回地面。不同的返回模式对能量需求不同，运输系统规模不同。

第<big>4</big>章

载人火星探测任务架构设计因素分析

4.1 载人火星探测任务架构设计因素分析基准

为了对影响载人火星探测任务总体架构设计的主要设计因素进行分析，需首先定义任务架构基本元素与任务约束，以建立统一的定量分析基准。下面将给出载人火星探测任务约束与条件、载人火星探测系统组成等方面的分析基准。

4.1.1 载人火星探测任务约束与条件

对多条地球停泊轨道和火星停泊轨道高度进行约束，对地球和火星的进入速度进行限制，以及对合式轨道和冲式轨道的转移时间进行约束，具体参数如下：

（1）地球附近停泊轨道条件

地球 LEO 轨道：500 km × 500 km 圆轨道；

地球 HEO 轨道：50 000 km 圆轨道或远地点高度 137 562.74 km，偏心率 0.95 椭圆轨道；

地月 L2 点周期轨道：幅值为 20 000 km 的 Halo 轨道；

日地 L2 点周期轨道：幅值为 285 000 km 的 Halo 轨道；

环月高轨道：5 000 km × 5 000 km 圆轨道。

（2）火星停泊轨道条件

环绕火星目标轨道：250 km × 33 813 km 大椭圆轨道。

（3）火星气动捕获条件

火星大气再入速度 <8.5 km/s。

（4）地球大气再入条件

地球大气再入速度 <13 km/s。

（5）合式转移轨道约束

地球—火星转移时间：60~360 天；

火星—地球转移时间：60~360 天；

最长任务周期：1 100 天。

（6）冲式转移轨道约束

火星停留时间：30~100 天；

最长任务周期：920 天。

4.1.2　载人火星探测系统组成

为了完成载人火星探测任务，系统必须具有对火星及其卫星进行科学探测的功能，并且具有在长时间星际航行中保障航天员安全，并提供必需生活物资的功能，探测系统包含的基本飞行器模块有：1）载人飞船；2）地火转移级；3）火星表面探测器；4）深空居住舱。

飞行器模块各部分功能如下。

1）载人飞船的主要功能：在近地空间搭载航天员，主要包括两个飞行阶段，搭载航天员由运载火箭从地面转移至地球轨道；返回地球时，搭载航天员进入地球大气并安全着陆。

2）地火转移级：地火转移级是载人火星探测任务航天运输系统的主要组成部分，负责将航天员和探测设备运送至火星轨道，并从火星轨道返回地球轨道。

3）火星表面探测器：主体为航天员在火星表面的居住舱，为航天员在火星表面的探测任务提供生命保障；包含一个可分离的着陆与上升器，承担航天员进行火星着陆与火星起飞上升任务，并具备与地火转移级交会对接的功能。

4）深空居住舱：为航天员提供生命保障系统、居住环境、生活设备、水和食物等。根据任务周期的不同，地火转移级的质量规模也不同。

载人火星探测系统各组成部分的功能如表 4-1 所示。

表 4-1　载人火星探测系统有效载荷构成与功能

飞行器模块	功能
载人飞船	1）搭载航天员与地火转移级交会对接 2）搭载航天员往返地球
地火转移级	地火转移级是载人火星探测任务航天运输系统的主要组成部分，负责将航天员和探测设备运送至火星轨道，并从火星轨道返回地球轨道
火星表面探测器	1）支持火星表面科学考察 2）支持航天员在火星附近的活动 3）保证火星表面生存 4）包含一个着陆与上升器，用于航天员着陆和离开火星
深空居住舱	用于星际航行过程中航天员的生命保障与生活

4.2 载人火星探测任务架构设计因素影响分析

在影响载人火星探测任务架构总体设计因素中，一些选项可由载人火星探测任务顶层设计和定性分析来选择，例如人货转移模式，一些选项则通过定量分析来选择，例如出发时间、推进技术和轨道类型选择等。同时，这些设计因素对载人火星探测任务架构设计的影响程度是不同的。对于载人火星探测任务而言，探测任务能量需求、飞行时间和系统规模是关注的关键设计指标，应对影响这些指标的设计因素进行系统详细的讨论。

基于前面给出的载人火星探测任务总体架构设计因素与任务基准，该部分将针对影响载人火星总体架构的主要设计因素进行分析。通过重点对比探测任务的能量需求、飞行时间与系统总体规模等关键指标对各因素的可选项进行对比讨论，为载人火星探测任务总体架构设计与选择提供依据。

在载人火星探测任务架构设计因素中，明确顶层任务后某些因素将随之得出明确结论，这些因素不再进行详细讨论，如火星探测目标与模式中，所设定的探测任务目标，地球返回模式为一次性还是重复使用载人火星探测任务；由于技术难度差异过大而直接优选结论的因素不在下文讨论，如在地球逃逸模式中，直接选择地球停泊轨道交会对接逃逸；同时，由于火星停留时间、火星停泊轨道与轨道设计分析存在耦合性，在下文仅讨论影响最大的轨道设计因素。

4.2.1 人货转移模式分析

4.2.1.1 人货合运转移模式

人货合运转移模式的任务流程如下：

1）载人火星探测系统各飞行器模块分别由运载火箭发射升空，在地球轨道（如近地轨道、地球高轨等）上进行组装，形成一个组合体；

2）组合体加速逃逸地球并进入地火转移轨道，飞向火星；

3）进入火星引力影响球后，进行轨道制动进入火星停泊轨道；

4）地火转移级携带载人飞船停留在火星停泊轨道，航天员乘坐着陆与上升器抵达火星表面，其中航天员将乘坐着陆与上升器着陆，之后在火星表面进行科学探测；

5）科学探测完成后，航天员乘坐着陆与上升器与地火转移级组合体会合，航天员进入组合体后，组合体由火星停泊轨道加速逃逸火星影响球，返回地球；

6）到达地球附近后，航天员乘坐载人飞船再入地球大气返回地面。

人货合运载人火星转移模式如图 4-1 所示。图中四条水平线分别代表地球表面、地球停泊轨道、火星停泊轨道与火星表面，箭头表示任务进行方向。

4.2.1.2　人货分运转移模式

人货分运转移模式的飞行流程可根据发射场能力，设计为同一发射窗口内发射或者不同发射窗口内分批次发射，基本任务流程如下：

1）首先进行载货任务，在当前地火转移窗口内或利用上一次地火转移窗口，利用运载火箭和推进系统将火星表面探测系统各部分和载人任务返回地球所需的推进剂、食物等物资分批次或整体运送至火星停泊轨道。

2）着陆与上升器和返程物资保持运行于火星停泊轨道上，等待航天员在下一个窗口的到来。

3）在当前地火转移窗口内，将载人地火转移级发射进入组装轨道，航天员乘坐载人飞船进入组装轨道，与地火转移级交会对接。

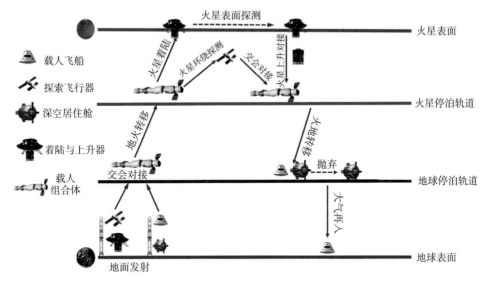

图4-1　人货合运载人火星转移模式示意图

4）地火转移级携带载人飞船加速逃逸地球，完成地火转移，进入火星停泊轨道。

5）载人地火转移级与火星停泊轨道上的火星表面探测器以及返程物资进行交会对接，将返程物资转移至地火转移级内。

6）航天员乘坐火星表面探测器着陆火星表面，对火星进行科学探测。

7）科学探测完成后，航天员乘坐着陆与上升器离开火星表面，着陆与上升器与组合体会合对接，航天员转移至组合体内，航天员乘坐地火转移级由火星停泊轨道加速逃逸火星影响球，返回地球。

8）到达地球附近后，航天员乘坐载人飞船再入地球大气返回地面。

人货分运载人火星转移模式示意图如图4-2所示。

由于载人火星探测系统的规模非常庞大，通常达几百吨甚至上千吨，实现如此庞大系统的地面发射和地火往返转移需求很高。

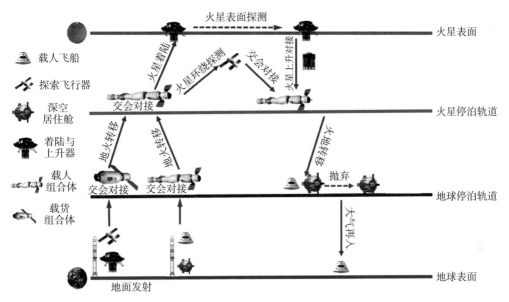

图 4-2　人货分运载人火星转移模式示意图

4.2.1.3　小结

载人火星探测系统地球出发规模大，需要充分考虑人货转移模式，开展相关对比分析，如表 4-2 所示，其中人货分运模式是载货飞船提前出发，确认安全抵达火星后，载人飞船再出发。

表 4-2　不同人货转移模式对比分析

任务特点	人货合运模式	人货分运模式
单次运输系统规模	大	相对较小
任务人员安全性	较差	较好
地球组装难度	困难	简单
火星组装难度	简单	困难

一次运输规模方面，人货分运模式由于单次任务载荷质量轻，其单次运输系统规模相对较小；从保障人员的安全性来看，由于载货系统提前出发，

确认安全到达后载人系统再出发，载人系统本身规模较小，具有更高的可靠性和安全性，因此，理论上人货分运模式的人员安全性更高；由于人货合运模式地球出发规模大，因此其地球组装难度大。

4.2.2　轨道设计分析

4.2.2.1　合式轨道与冲式轨道

长时停留合式轨道转移轨道位于火星轨道和地球轨道之间，能量需求较小，长时停留合式轨道中最典型的是霍曼轨道。若往返均采用合式轨道，则需要停留火星的时间一般较长，以等待最优转移机会的出现，整个任务周期长，速度增量需求较小。

短时停留冲式轨道除了地球附近和火星附近的两次变轨之外，一般在飞行途中还需要利用自身推力或金星引力实施中途变轨。停留火星的时间需求较短时，至少单程采用冲式轨道，整个任务周期可较短，星际飞行时间较长，速度增量需求变化大。

分别对载人火星探测任务合式轨道和冲式轨道进行了设计与分析。其中，探测任务为两端停泊轨道模式，即探测器在地球停泊轨道与火星停泊轨道间进行转移。

地火会合周期为779.94天，约为2.14年。由于轨道的倾角和偏心率差异，该地火会合周期并非常值，更准确的地火会合周期为15年。因此，通常将2.14年称为小会合周期，15年称为大会合周期。每个小会合周期出现一次火星冲日，每个大会合周期出现一次火星大冲。从天体位置关系角度考虑，载人火星任务的发射机会应出现在火星冲日时间附近，在发生火星大冲时，火星位于近日点附近，地火相对距离最短，更有利于载人火星探测任务的实施。根据计算，最近的一次火星大冲将发生在2033年。

表 4-3 给出了载人火星探测任务合式轨道和冲式轨道的轨道设计要求。

表 4-3　载人火星探测任务轨道约束

序号	任务约束	参数	备注
1	地球出发轨道	500 km × 500 km	
2	火星捕获轨道	250 km × 33 813 km	同为火星出发轨道
3	地球大气再入速度	<13 km/s	若大于该值则应施加轨道机动
合式轨道			
4	地火转移时间	60~360 天	按照 20 天递增
5	总的任务周期	80~1 100 天	按照 40 天递增
冲式轨道			
6	火星停留时间	20~100 天	按照 20 天递增
7	总的任务周期	160~920 天	按照 40 天递增

对于载人火星探测任务，合式轨道转移所需要的推进剂消耗与其他转移方式相比较省。合式轨道在火星附近的停留时间最长可达 550 天，整个的任务周期范围为 900~1 100 天。因此，合式轨道适合于长时间停留火星或需要运输较重载荷到火星的探测任务。合式轨道一般表征的是载人火星探测任务轨道的全局最优解，这不同于短周期的冲式轨道，其长弧段转移部分并非为最优转移。当然，合式轨道必须要付出在火星停留较长时间的代价，以等待最优转移机会的出现。

影响合式轨道的主要参数为最长星际转移时间，为了分析这一参数对总速度增量的影响，可以等间隔地选取不同最长转移时间，然后分别求解最优的转移机会。对于合式轨道，去程和回程时间基本相等，因此在搜索时可设定去程和回程时间相等。轨道设计流程可以描述为：

1）在 60~360 天范围内按照 20 天等间隔递增，选定去程时间 Δt_1；

2）在 60~360 天范围内按照 20 天等间隔递增，选定回程时间 Δt_2；

3）在 400~900 天范围内按照 10 天等间隔递增，选定火星停留时间 Δt_s；

4）判断总的任务周期 $\Delta t_T = \Delta t_1 + \Delta t_s + \Delta t_2$ 是否在 800~1 100 天范围内，如果是继续执行，否则返回步骤 3）；

5）对于搜索的年份，在 0~365 天范围内按照 10 天等间隔递增，选定从地球出发时间 t_L；

6）根据上述时间变量分别读取地球和火星的星历数据，并求解去程和返程兰伯特问题，计算总的速度增量 ΔV_T 并保存；

7）对于步骤 1）和 2）确定的去程和返程时间，计算速度增量最小的转移机会，保存为最终结果。

各速度增量表达式分别为

$$\begin{cases} \Delta V_1 = \sqrt{\|\boldsymbol{v}_s(T_0) - \boldsymbol{v}_E(T_0)\|^2 + 2\mu_E/(R_E + h)} - \sqrt{\mu_E/(R_E + h)} \\[2mm] \Delta V_2 = \sqrt{\|\boldsymbol{v}_s(T_1) - \boldsymbol{v}_M(T_1)\|^2 + 2\mu_M/(R_M + h_p)} - \sqrt{2\mu_M/(R_M + h_p) - 2\mu_M/(2R_M + h_p + h_a)} \\[2mm] \Delta V_3 = \sqrt{\|\boldsymbol{v}_s(T_2) - \boldsymbol{v}_M(T_2)\|^2 + 2\mu_M/(R_M + h_p)} - \sqrt{2\mu_M/(R_M + h_p) - 2\mu_M/(2R_M + h_p + h_a)} \\[2mm] \Delta V_4 = \sqrt{\|\boldsymbol{v}_s(T_3) - \boldsymbol{v}_E(T_3)\|^2 + 2\mu_E/(R_E + h_{atm})} - \|\boldsymbol{v}_{atm}\| \end{cases} \tag{4-1}$$

式中，μ_E 为地球的引力常数；R_E 为地球的平均半径；h 为地球停泊轨道高度；μ_M 为火星引力常数；R_M 为火星的平均半径；h_p、h_a 分别为火星捕获轨道的近、远心点高度；$\boldsymbol{v}_s$ 为探测器的日心速度矢量；$\boldsymbol{v}_E$ 为地球的日心速度矢量；$\boldsymbol{v}_M$ 为火星的日心速度矢量[27]；$\boldsymbol{v}_{atm}$ 为进入速度阈值，设为 13 km/s。地球停泊轨道出发时刻 $T_0 = t_L$，火星捕获时刻 $T_1 = T_0 + \Delta t_1$，火星逃逸时刻 $T_2 = T_1 + \Delta t_s$，地球大气进入时刻 $T_3 = T_2 + \Delta t_2$。

影响冲式轨道的主要参数为火星停留时间和总的任务周期，为了分析这两个参数对总的速度增量的影响，可以等间隔地选取不同火星停留时间和总的任务周期，然后分别求解最优的转移机会。由于冲式轨道中的回程段一般为非最优转移，在回程段采用深空机动以减少推进剂消耗。轨道设计流程可以描述为：

1）在 20~100 天范围内按照等间隔 20 天递，增选定火星停留时间 Δt_s；

2）在 160~920 天范围内按照等间隔 40 天递增，选定总的任务周期 Δt_T；

3）在 60~360 天范围内按照等间隔 10 天递增，选定去程时间 Δt_1；

4）计算回程时间 $\Delta t_2 = \Delta t_T - \Delta t_s - \Delta t_1$，判断是否在 60~720 天范围内，如果是继续执行，否则返回步骤 3）；

5）对于搜索的年份，在 0~365 天范围内按照 10 天等间隔递增，选定从地球出发时间 t_L；

6）根据上述时间变量分别读取地球和火星的星历数据，并求解去程兰伯特问题，计算速度增量 ΔV_1 和 ΔV_2；

7）涉及深空机动的回程问题由如下优化问题代替：

优化变量为

$$X = [\boldsymbol{v}_s(T_2), \delta] \qquad (4\text{-}2)$$

约束条件为

$$60 \leqslant \Delta t_2 = \Delta t_T - \Delta t_s - \Delta t_1 \leqslant 720 \qquad (4\text{-}3)$$

性能指标为

$$J = \Delta V_3 + \Delta V_4 + \Delta V_5 \rightarrow \min \qquad (4\text{-}4)$$

当回程轨道的起始端状态和深空机动时刻已知，火星出发至深空机动点的轨道可以通过求解开普勒问题解得深空机动前航天器的状态矢量，深空机动后的状态矢量可以通过求解机动时刻至返回地球时刻的兰伯特问题得到 [28]。各速度增量表达式分别为

$$\begin{cases} \Delta V_1 = \sqrt{\left\| \boldsymbol{v}_s(T_0) - \boldsymbol{v}_E(T_0) \right\|^2 + 2\mu_E/(R_E+h)} - \sqrt{\mu_E/(R_E+h)} \\ \Delta V_2 = \sqrt{\left\| \boldsymbol{v}_s(T_1) - \boldsymbol{v}_M(T_1) \right\|^2 + 2\mu_M/(R_M+h_p)} - \sqrt{2\mu_M/(R_M+h_p) - 2\mu_M/(2R_M+h_p+h_a)} \\ \Delta V_3 = \sqrt{\left\| \boldsymbol{v}_s(T_2) - \boldsymbol{v}_M(T_2) \right\|^2 + 2\mu_M/(R_M+h_p)} - \sqrt{2\mu_M/(R_M+h_p) - 2\mu_M/(2R_M+h_p+h_a)} \\ \Delta V_4 = \quad \left\| \boldsymbol{v}_s(T_3^+) - \boldsymbol{v}_s(T_3^-) \right\| \\ \Delta V_5 = \sqrt{\left\| \boldsymbol{v}_s(T_4) - \boldsymbol{v}_E(T_4) \right\|^2 + 2\mu_E/(R_E+h_{atm})} - \left\| \boldsymbol{v}_{atm} \right\| \end{cases} \quad (4-5)$$

其中，ΔV_1 为地球逃逸速度增量；ΔV_2 为火星捕获速度增量；ΔV_3 为火星逃逸速度增量；ΔV_4 为深空机动速度增量；ΔV_5 为地球大气进入速度增量；$\delta \in [0,1]$ 为深空机动时刻的系数，深空机动时刻与火星出发时刻之间的时间 $\Delta V_D = \delta \Delta V_2$；$\boldsymbol{v}_s(T_2)$ 为火星逃逸时刻航天器的速度矢量，$\boldsymbol{v}_s(T_3^-)$ 和 $\boldsymbol{v}_s(T_3^+)$ 分别为深空机动前后航天器的日心速度矢量，前者通过开普勒问题求解，后者通过兰伯特问题求解。地球停泊轨道出发时刻 $T_0 = t_L$，火星捕获时刻 $T_1 = T_0 + \Delta t_1$，火星逃逸时刻 $T_2 = T_1 + \Delta t_s$，深空机动时刻 $T_3 = T_2 + \Delta t_D$，地球大气进入时刻 $T_4 = T_2 + \Delta t_2$。

利用上面给出的轨道设计方法，对最近的一次火星大冲 2033 年的合式和冲式轨道进行了全局详细搜索。表 4-4 和表 4-5 分别给出了合式轨道和冲式轨道两类典型轨道的相关计算结果。

表 4-4　不同飞行时间长停留合式轨道速度增量需求

单程飞行时间 / 日	地球逃逸速度增量 ΔV_1 / (km/s)	火星捕获速度增量 ΔV_2 / (km/s)	火星逃逸速度增量 ΔV_3 / (km/s)	ΔV 总计 / (km/s)
240	3.6	1.6	1.2	6.4
200	3.6	1.2	1.1	5.9
160	3.8	1.5	1.2	6.5
120	4.6	2.4	1.9	8.9
60	15.4	6.3	5.3	27

可以看出 200 天左右所需速度增量最小,飞行时间越短或越长,都将增大速度增量需求,轨道设计需要综合考虑转移过程飞行时间和速度增量需求。

表 4-5 显示了从火星停留时间和总任务周期两个影响参数对冲式轨道进行对比和分析,可以看出任务周期越短、火星停留时间越长,速度增量需求越大。

表 4-5　不同火星停留时间和总任务周期冲式轨道速度增量需求

任务周期 / 日	火星停留时间 / 日	总速度增量 / (km/s)
200	20	28.08
	40	35.21
	60	44.69
	80	59.12
400	20	11.38
	40	12.62
	60	14.27
	80	16.39
	100	19.06
600	20	17.72
	40	16.60
	60	15.88
	80	15.62
	100	15.67

从结果可以看出,对于合式轨道,随着星际转移时间的增加,总的速度增量呈快速下降的趋势,这表明总的速度增量对于星际转移时间的敏感度是很高的。对于星际单程转移为 60 天的情况,探测任务所需的总的速度增量高达 27 km/s,而对于星际单程转移为 200 天的情况,总的速度增量

则降至约 6 km/s。对于星际单程转移大于 200 天的情况，总的速度增量又呈上升趋势。这充分表明，合式轨道中的地火转移段和火地转移段均为地球和火星之间的最优转移轨道。受到地火小会合周期影响，为了降低总的速度增量，探测系统需要在火星附近停留很长的时间，以等待最优转移机会的出现。

采用行星借力飞行技术能够有效降低发射能量和探测任务所需的速度增量，其本质是利用行星引力辅助作用对行星际探测器的轨道进行改变。对于冲式转移轨道，探测器在火星附近的停留时间较短，短期停留任务的往返两段转移轨道的飞行时间差别较大，较长的一段轨道会出现接近太阳（低于0.7 AU）的情况。如果在该过程中引入金星借力，则可能降低整个转移轨道的总的速度增量。

对于加入金星借力过程的载人火星探测任务，表 4-6 给出了 2033 年火星停留 60 天时最优转移轨道搜索结果。从其中数据可以看出，当总任务时间在 480~760 天时，火地返回过程中使用金星借力能够有效地降低转移轨道所需的总的速度增量，最低可以降为 7.9 km/s。

4.2.2.2 地火循环轨道

利用全循环轨道进行载人火星探测，需要同时使用出航型和归航型循环轨道，对应图 3-3 和图 3-4，其基本流程可以描述为：

1）向出航型循环轨道和归航型循环轨道上各发射一艘地火转移级；

2）进行地火转移时，从地面发射载人飞船，在出航循环轨道的 A 点处与转移飞行器进行交会对接，并在 C 点处到达火星；

3）进行火地返回时，探测器逃逸火星，在归航循环轨道的 C 点处与转移飞行器进行交会对接，并在 B 点处到达地球。

表 4-6　2033 年利用金星借力的载人火星探测轨道设计结果（停留时间为 60 天）

发射日期/（月/日）	总任务周期/日	地火转移时间/日	火地转移时间/日	返程借力时间/日	是否金星借力	地球逃逸速度增量/（km/s）	火星捕获速度增量/（km/s）	火星逃逸速度增量/（km/s）	大气进入速度增量/（km/s）	总速度增量/（km/s）
05/31	480	135	285	160	是	4.9	1.9	3.5	13.9	10.3
05/06	520	157	303	168	是	3.9	1.5	3.2	13.0	8.6
04/12	560	180	320	175	是	3.6	1.5	3.1	12.4	8.2
04/08	600	183	357	179	是	3.6	1.5	3.1	11.8	8.2
04/24	640	161	419	216	是	3.7	1.6	2.9	12.1	8.2
04/10	680	183	437	218	是	3.6	1.4	2.9	12.5	7.9
03/24	720	198	462	228	是	3.7	1.6	2.9	13.2	8.2
01/25	760	256	444	222	是	4	1.6	2.9	12.7	8.5

循环轨道具有适用于多次载人火星探测任务的潜能，其主要优点为：

1）可以多次重复利用运行于循环轨道上的转移飞行器，实现多次载人火星探测任务；

2）用循环轨道进行地火转移和火地返回转移时，单程飞行时间较短，约为 140 天。

然而，由于循环轨道本身属于高能量轨道，同时又受到地火会合周期的影响，因此，需要对它的一些特性进行深入分析，例如任务窗口、能量需求等，以综合评估其在载人火星探测任务中的适应性。为了对循环轨道特性进行讨论，首先考虑实际的行星星历，对地火之间的循环轨道进行了优化设计，计算的出航型和归航型循环轨道参数如表 4-7 所示。

表 4-7　星历模型下 Aldrin 全循环轨道参数计算结果

参数名称			参数数值	
速度增量 /（km/s）	出航型循环轨道	从地球停泊轨道进入循环轨道	4.88	19.08
		从循环轨道进入火星任务轨道	6.77	
	归航型循环轨道	从火星任务轨道进入循环轨道	7.43	
	航天器地球借力机动		2.679 5	
任务周期 / 日	地球—火星转移时间		130.26	420.57
	火星表面停留时间		52.9+91.7	
	火星—地球转移时间		145.71	

（1）任务窗口问题

Aldrin 全循环轨道并非时时存在，对于给定轨道能量而言，在一个地火小会合周期内会分别存在一条出航型循环轨道和归航型循环轨道，两条轨道的几何形状大致相同，但存在相位差。由于 Aldrin 全循环轨道的轨道周期固定为 2.14 年，因此利用循环轨道实现载人火星探测的窗口间隔也基本为 2.14 年左右。简单而言，连续两次向火星转移之间的时间间隔约为 2.14 年。

（2）能量需求问题

Aldrin 全循环轨道本身为高能量轨道，其与地球和火星交会时相对地球和火星的速度很高，在地球端相对速度约为 6.5 km/s，在火星段相对速度约为 11 km/s。这表明，载人飞船或探测器需要很大的速度增量才能实现与循环轨道上转移飞行器的交会对接。例如，地球端所需的速度增量约为 5 km/s，火星端约为 7 km/s。

（3）火星停留问题

在给定的地火会合周期内，出航型循环轨道和归航型循环轨道是成对出现的，探测器沿循环轨道到达火星时间与从火星出发时间由出航和归航循环轨道的相位差决定。

（4）循环连续问题

Aldrin 全循环轨道上的转移飞行器完成一个循环飞行后，若要再次形成循环轨道，必须在第二次与地球会合时借助地球引力和轨道机动改变其轨道速度，以便进入下一周期的循环飞行。轨道机动所需的速度增量约为 2.68 km/s。

总的来讲，相比经典合式和冲式轨道，采用循环轨道进行载人火星探测并没有明显优势，其对应的任务窗口间隔仍为一个地火会合周期（2.14 年）。

4.2.2.3　基于不变流形轨道

在圆形限制性三体问题中存在五个平衡点，Halo 轨道是不稳定共线平衡点附近存在的一族周期轨道，其在空间探测任务中有着重要的应用价值。Halo 轨道存在与之相连的不变流形，利用不变流形可以实现 Halo 轨道的低能量逃逸与捕获。对于载人火星探测任务，利用日地系统和日火系统的 Halo 轨道及其不变流形是实现探测器转移的一种可行的方式。利用不变流形轨道的本质是通过增加探测器在三体混沌区的飞行时间来实现轨道能量的改变。对于载人火星探测任务，能够利用三体引力效应实现探测器在地火之间的低能量飞行，从而节省整个探测任务的推进剂消耗，这是一个很有吸引力的方向，也是一个需要深入讨论的问题。

对于载人火星探测任务地火行星际转移轨道，根据轨道设计方法利用多目标优化技术进行轨道设计。考虑探测器在去程段地球到火星的转移过程，其中出发轨道为幅值为 $A_Z=1.1\times10^5$ km 的太阳—地球北向 Halo 轨道，目标轨道为幅值为 $A_Z=8.0\times10^4$ km 的太阳—火星北向 Halo 轨道，得到的 Pareto 最优解集如图 4-3 所示。

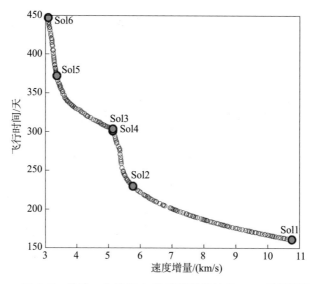

图 4-3　地球—火星 Halo 轨道间转移的 Pareto 最优解集

由图 4-3 可以看出，推进剂消耗和飞行时间之间存在着相互制约的关系，推进剂消耗量越低则飞行时间越长。Pareto 前沿提供了转移轨道的最优解集，在任务设计中可以根据需求选择合理的转移机会。

在 2033 年到 2035 年的 3 年间，最优解集中在两个时间段，两个时间段之间相距 2 年多, 与地火的会合周期相同。与地火转移的总能量等高线图（见图 4-4）比较可以看出, 解集所处的时间与地火转移的发射窗口基本吻合。这说明结合行星借力与扰动流形的转移轨道受到逃逸和捕获双曲超速的影响较大, 无论飞行时间为多久最低燃耗对应的机会都为双曲超速较小的转移机会。另一方面, 2033 年的发射窗口对应飞行天数范围较大, 且窗口内最小的飞行时间较小。因此最小时间的解在 2033 年的发射窗口内。而最小推进剂消耗的解则处于 2035 年的发射窗口内, 其扰动流形段的飞行时间较长。

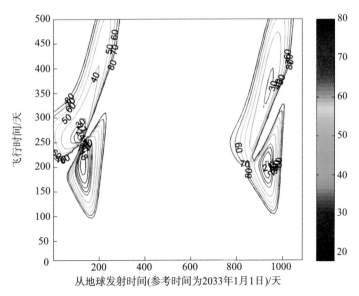

图 4-4　地火转移的总能量（地球逃逸 C3 与火星捕获 C3 之和）等高线图

　　为更清楚地表明 Pareto 最优解集的解对应的机会, 在两个时间段内分别取三个特征解, 如图 4-5 中实点所示。这六个特征解在 Pareto 前沿上的位置如图中实点所示, 通过多目标优化得到的解为时间较长的借用流形进行转移的解。六个特征解对应的扰动流形图如图 4-5 所示。

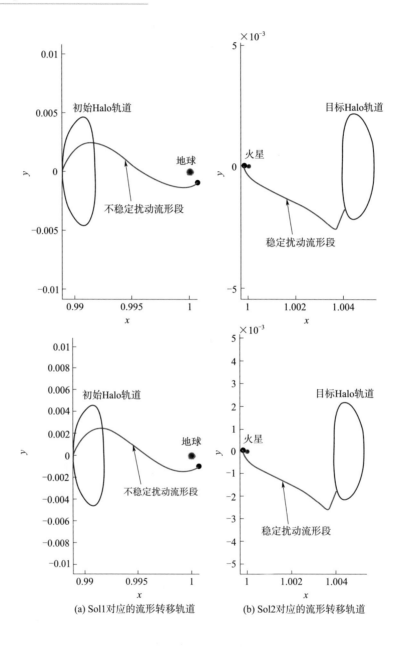

(a) Sol1对应的流形转移轨道　　　　(b) Sol2对应的流形转移轨道

图 4-5　特征解对应的扰动流形示意图

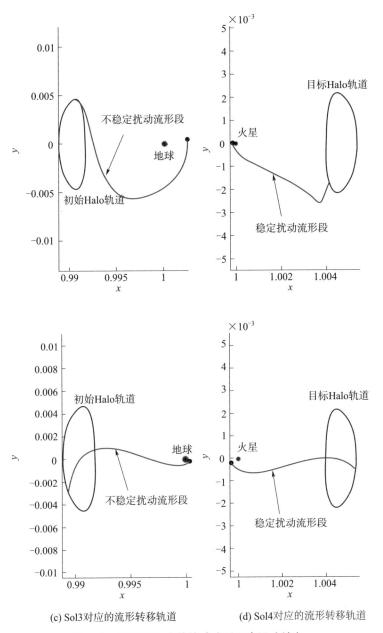

(c) Sol3对应的流形转移轨道　　(d) Sol4对应的流形转移轨道

图 4-5　特征解对应的扰动流形示意图（续）

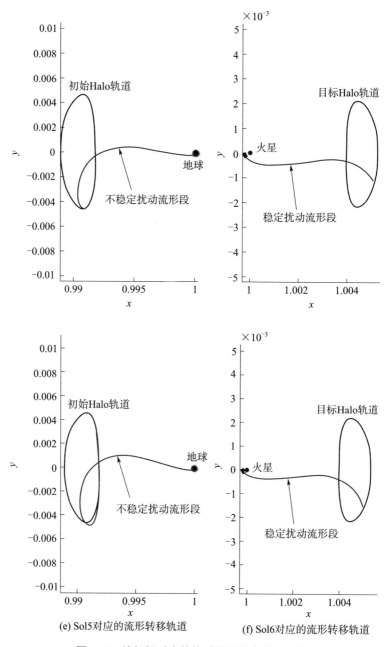

(e) Sol5对应的流形转移轨道　　　　(f) Sol6对应的流形转移轨道

图4-5　特征解对应的扰动流形示意图（续）

综上，对于载人火星探测任务，根据上面给出的基于不变流形的轨道设计与分析，选取 2033 年为发射年份，综合考虑转移轨道的推进剂消耗、任务周期等参数，确定载人火星基于不变流形的最优转移轨道参数如表 4-8 所示。

表 4-8　利用 Halo 轨道不变流形的载人火星转移轨道设计结果

轨道特征参数	数值
探测器发射时间 /（年 / 月 / 日）	2033/05/08
地球附近低能量转移速度增量 /（km/s）	3.84
地球附近低能量转移时间 / 日	143.89
地火行星际转移时间 / 日	202.23
火星任务轨道捕获速度增量 /（km/s）	2.83
火星任务轨道捕获时间 / 日	262.32
火星停留时间 / 日	90
火星逃逸所需速度增量 /（km/s）	2.67
火星低能量逃逸时间 / 日	253.12
火地行星际转移时间 / 日	213.86
地球 Halo 轨道捕获速度增量 /（km/s）	0.95
地球 Halo 轨道捕获时间 / 日	152.63
总的速度增量 /（km/s）	10.29
总的任务周期 / 日	1 318.05

4.2.2.4　连续推进轨道

圆锥曲线假设是脉冲式转移轨道设计的基础，圆锥曲线存在的一些性质简化了转移轨道设计问题的难度。对于连续推进轨道（见图 4-6）而言，圆锥曲线假设不再适用。在连续推力的作用下，探测器的轨道呈现非开普勒形式。连续推进轨道设计的本质是寻找推进系统推力大小和方向的时间历程以及其他轨道参数（根据具体问题确定），使探测器在满足任务约束的条件下以最优的性能指标从初始状态（或初始轨道）转移至终端状态（或终端轨道），该问题为典型的最优控制问题，本节重点讨论火星探测器在连续推力作用下日心转移轨道的设计问题。

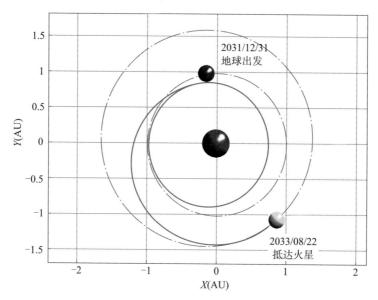

图 4-6 行星际连续推进轨道图

忽略探测器受到的摄动力作用，探测器在连续推力作用下的轨道动力学模型可以表示为

$$\dot{x}=f(x,u,t) \tag{4-6}$$

式中，x 为探测器的轨道和质量状态；u 为推力控制变量。

一般而言，连续推进轨道设计的性能指标有推进剂最省和时间最省两种。对于推进剂最省转移问题，性能指标可以表述为

$$J=\frac{T_{max}}{I_{sp}g_0}\int_{t_0}^{t_f}\chi\mathrm{d}t\to\min \tag{4-7}$$

式中，T_{max} 为最大推力；I_{sp} 为比冲；t_0 为探测器从地球出发的时刻；t_f 为探测器到达火星的时刻。

在探测器初始质量给定的条件下，描述的性能指标等价为

$$J=-m(t_f)\to\min \qquad\qquad (4-8)$$

对于时间最省转移问题，性能指标可以表述为

$$J=t_f-t_0\to\min \qquad\qquad (4-9)$$

连续推力转移轨道需要满足如下初始的状态约束

$$\boldsymbol{\varPsi}_0[\boldsymbol{x}(t_0),t_0]=0 \qquad\qquad (4-10)$$

具体而言，探测器的初始质量一般是已知的，初始轨道状态则已知或满足地球的实际星历约束。同样，为了成功实现向火星的转移，转移轨道需要满足如下的终端状态约束

$$\boldsymbol{\varPsi}_f[\boldsymbol{x}(t_f),t_f]=0 \qquad\qquad (4-11)$$

除探测器质量外，终端轨道状态已知或应该满足火星的实际星历约束。

上面公式给出了连续推进轨道设计问题的描述，即求解最优的控制律 $\boldsymbol{u}^*(t)$ 以及其他轨道参数，使探测器转移轨道在满足约束条件下，性能指标达到最小。

与传统脉冲轨道相比，连续推进轨道的设计难度大，其中推力的长时间作用是造成连续推进轨道设计问题难解的根本原因，表现为解空间局部极小值和鞍点众多，目前的研究中，数值方法是求解该问题的主要手段，主要包括直接法和间接法两大类方法。这两类方法的本质都是首先对推力控制进行参数化处理，然后采用数值迭代技术进行求解。当然，这两类方法都需要良好的迭代初值猜测才能求解成功。结合核电推进研究开展了连续推进轨道设计分析，得到了相关结果可参见 4.2.5.2 节。

4.2.2.5　小结

1）合式轨道和冲式轨道是载人火星探测任务的经典轨道类型，也是载人火星探测任务的首选轨道类型，两类轨道分别适用于火星长停留探测任务和短停留探测任务。

2）Aldrin 全循环轨道可以循环往返于地球和火星之间，但需要在每个循环周期后施加较大的速度增量以保证循环的连续。尽管采用循环轨道可以使探测任务周期缩短，但由于循环轨道飞越地球和火星时的相对轨道能量过高，这使得载人飞船与其上运行的转移飞行器交会对接时需要很大的速度脉冲。总体而言，循环轨道相比合式和冲式轨道并无明显优势。

3）周期轨道的不变流形为某些任务航天器的低能量转移提供了可能，但对于载人火星探测任务而言，利用不变流形实现探测器的转移所需要的总速度增量很大，其主要原因在于地火之间不存在自然的低能量转移通道。

4）使用连续推进转移轨道，到达目标轨道的质量相对地球出发质量占比高，说明运送同等质量货物至火星轨道，连续推进轨道所需的地球出发质量规模较小。但由于连续推进系统能提供的推力较小，导致任务周期比脉冲推进方案长，且在地球影响球内飞行圈数较多，不适宜用作载人任务的轨道，目前只能适用于对转移时间不敏感的货物运输。

4.2.3　地球出发时间分析

由于火星环绕太阳的轨道半长轴约为 1.52 AU，地球和火星之间存在小会合周期和大会合周期。地球和火星的小会合周期约为 2.14 年，大会合周期约为 15 年，即大约每 15 年地球和火星之间的最近距离重复一次。对于不同的小会合周期，尽管出现的火星探测机会类似，但是又不尽相同，它们的差异主要是由地球和火星日心轨道的偏心率与火星轨道存在倾角造成的。因此，要进行火星探测任务，寻求合适的探测机会非常重要。

在每一个火星探测周期内，分别对合式轨道和冲式轨道的出发时间点、去程时间、火星停留时间和回程时间进行搜索，以总速度增量最小的轨道作为每一个火星探测周期内的最优轨道。分析得到 2031—2050 年的合式轨道和冲式轨道最小速度增量转移机会如表 4-9 和表 4-10 所示。

表 4-9　2031—2050 年合式轨道最优搜索

出发日期/（年/月/日）	停留时间/日	单程转移时间/日	总任务周期/日	不同阶段所需速度增量				总速度增量/（km/s）
				地球逃逸/（km/s）	火星捕获/（km/s）	火星逃逸/（km/s）	地球捕获/（km/s）	
2031/01/01	470	280	1 030	3.63	1.38	0.81	0	5.82
2033/04/17	550	200	950	3.57	1.25	1.05	0	5.87
2035/06/27	540	200	940	3.62	0.89	1.53	0	6.04
2037/08/02	400	320	1 040	4.08	0.87	1.26	0	6.21
2039/09/09	400	320	1 040	3.83	0.82	1.06	0	5.71
2041/10/17	400	320	1 040	3.60	0.82	0.96	0	5.38
2043/11/11	400	320	1 040	3.58	1.00	0.78	0	5.36
2045/12/09	440	300	1 040	3.61	1.25	0.77	0	5.63
2047/12/30	530	260	1 050	3.94	1.59	1.00	0	6.53
2048/03/23	550	200	950	3.66	1.43	0.87	0	5.96
2050/05/26	550	200	950	3.52	0.97	1.42	0	5.91

表 4-10　2031—2050 年冲式轨道最优搜索

出发日期/（年/月/日）	去程时间/日	停留时间/日	回程时间/日	不同阶段所需速度增量				总速度增量/（km/s）
				地球逃逸/（km/s）	火星捕获/（km/s）	火星逃逸/（km/s）	深空机动/（km/s）	
2031/01/11	284	100	536	3.61	1.42	0.62	1.62	7.27
2033/05/01	200	40	600	3.58	1.24	0.54	1.70	7.06
2035/05/20	202	20	618	3.62	0.90	0.46	1.97	6.95
2037/08/29	224	40	416	4.03	0.87	2.16	0	7.06
2039/07/29	351	100	469	3.73	0.93	0.48	2.61	7.75
2041/10/17	315	100	505	3.66	0.83	0.41	2.39	7.29
2043/12/06	304	80	536	3.58	0.98	0.44	2.19	7.19
2045/12/26	292	100	528	3.59	1.30	0.59	1.73	7.21
2046/01/01	295	100	525	3.60	1.43	0.59	1.63	7.25
2048/03/10	203	80	597	3.67	1.42	0.49	1.71	7.29
2050/05/10	203	60	577	3.53	0.97	0.59	1.79	6.88

图 4-7 和图 4-8 绘制了 2031—2050 年间最优合式轨道和冲式轨道总的速度增量变化趋势图。

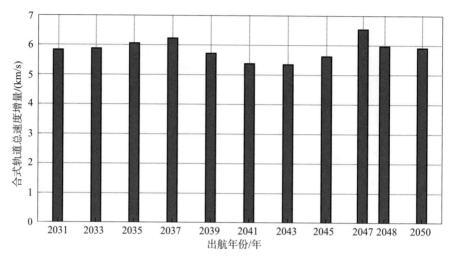

图 4-7　2031—2050 年合式轨道速度增量

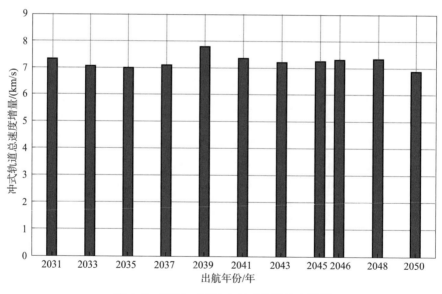

图 4-8　2031—2050 年冲式轨道速度增量

由图 4-7 和图 4-8 可以看出，为了减小载人火星探测质量规模，选择合适的出发年份十分重要。在大多数年份，合式轨道最小速度增量比冲式轨道最小速度增量要小。对于合式轨道而言，2041 年与 2043 年是比较合适的出发时间；对于冲式轨道而言，除 2039 年速度增量相比其他年份较大外，其余火星探测窗口的速度增量相差不大。

图 4-9 给出了 2031—2041 年合式轨道的总速度增量与停留火星时间和单程转移时间的关系。

从图 4-9 可以看出，不同年份中合式轨道的总速度增量随停留火星时间、随单程转移时间的变化规律一致。停留火星时间在 400 至 550 天内，总速度增量变化不明显，火星停留时间过长（大于 650 天），总速度增量随停留火星时间的增加而增长剧烈。合式轨道单程转移时间越长，总速度增量先大幅度减小，在单程转移 200 天附近，总速度增量达到最小值，单程转移时间超过 300 天后，速度增量会随着单程转移时间的增加而小幅度增加。因此可以看出，合式轨道的最优火星停留时间为 400~500 天，最优单程转移时间为 200~250 天。另外可看出，不同年份速度增量随火星停留时间和单程转移时间的变化敏感度不一致，由图可知 2041 年比 2033 年的总速度增量变化敏感的多，且 2033 年的总速度增量为十年内最小，因此从总速度增量的角度考虑，2033 年的合式轨道是十年内最优的火星探测轨道。

4.2.4　地球停泊轨道

4.2.4.1　初步分析

载人火星探测航天运输系统可以根据任务模式选择不同的出发点。对于单次载人火星探测任务，地球 LEO 轨道基本能满足任务需求，但对于多次特别是航班化的载人火星探测任务，可以选择所需质量规模较小的高势能轨道作为停泊轨道。考虑地球附近的高势能轨道，可行的停泊轨道主要包括以下几种：地球 HEO 轨道、地月 L2 轨道、日地 L2 轨道和月球高轨道。

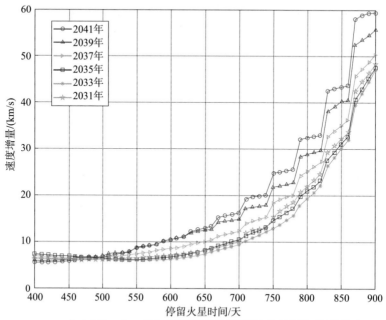

（a）2031—2041年合式轨道的总速度增量与停留火星时间的关系

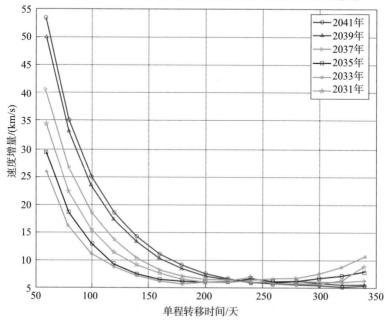

（b）2031—2041年合式轨道的总速度增量与单程转移时间的关系

图4-9　合式轨道速度增量与停留火星时间和转移时间的关系

在航班化载人火星探测方案设计时，为降低任务成本，地火转移级被放置在地球附近的高势能停泊轨道上，在航班化任务中循环使用。在载人火星探测任务中，地火转移级与载人飞船交会对接后飞向火星，在完成探测任务返回后，地火转移级重新回到停泊轨道，为下一次探测任务做准备。

综合分析比较了 LEO、GEO、HEO、环月高轨、地月 L2 和日地 L2 等 6 种停泊轨道，采用出发到环火轨道并返回出发点的任务，采用 2033 年出发的合式轨道设计。从表 4-11 中的结果可以看出，从能量角度，LEO 作为停泊轨道所需的速度增量最大，地月 L2 轨道和环月高轨所需的速度增量相近，而日地 L2 轨道所需的速度增量最小，HEO 轨道速度增量仅次于日地 L2 轨道。

表 4-11　不同出发点出发所有速度增量分析结果（单位：km/s）

轨道类型	LEO	GEO	HEO	环月高轨	地月 L2	日地 L2
停泊轨道至近地点	0	0	0	0.4	0.4	0
地球逃逸	3.6	2.3	0.6	0.5	0.6	0.4
火星捕获	1.2	1.2	1.2	1.2	1.2	1.2
火星逃逸	1.1	1.1	1.1	1.1	1.1	1.1
地球返回	3.5	2.0	0.6	0.9	1	0.4
总速度增量	9.4	6.6	3.5	4.1	4.3	3.1

对于地球 LEO 轨道与 HEO 轨道而言，HEO 轨道速度增量略小于 LEO 轨道，但从 LEO 出发去往 HEO 轨道需要花费一定时间。

对日地 L2 轨道、地月 L2 轨道和环月高轨道进行对比分析，可以得到如下结论：对于转移时间而言，环月高轨所需转移时间最短，其次是地月 L2 轨道，日地 L2 轨道所需的转移时间最长。从能量消耗的角度，地月 L2 轨道和环月高轨所需的速度增量相近，而日地 L2 轨道所需的能量最低。从轨道机动的总体复杂度来看，日地 L2 轨道只需施加较小的速度扰动即可沿流形靠近地球，地月 L2 轨道除需要在 Halo 轨道施加扰动外，还需要在流形接近地球时施加中间脉冲，而环月高轨需在初始轨道施加较大的脉冲变轨。

采用同样的分析方法，针对日地 5 个拉格朗日点的单次转移速度增量和转移时间进行对比分析，从表 4-12 可以看出选择日地 L2 轨道作为停泊轨道时，速度增量最优，同时运载器总转移时间最短。

表 4-12　不同的日地拉格朗日点出发所有速度增量分析结果

出发点	单次转移速度增量 / (km/s)			单次转移时间 / 日	
	LEO 至停泊轨道	地球逃逸	总和	人员单次转移时间	运载器单程总转移时间
SEL1	4.4	0.9	5.3	340	600
SEL2	3.4	0.4	3.8	340	580
SEL3	5	3.5	8.5	300	800
SEL4/L5	3.5	3.5	7	200	800

从速度增量的角度上考虑，对于多次探测任务或者说未来航班化的地火运输任务，高势能轨道方案的地球逃逸速度增量较小，有望大幅减小质量规模，且高势能轨道的运用可以使得地火转移级重复利用，减轻运载火箭的发射压力。

4.2.4.2　多次重复地火运输停泊轨道分析

通过对比地月 L2、日地 L2 和月球高轨道等高势能轨道，可以看出日地 L2 轨道方案的速度增量较小，但高势能轨道的选取还要考虑转移至该高势能轨道的时间、交会对接的难度以及任务窗口等因素，本节对地月 L2、日地 L2 以及月球高轨道进行质量规模计算，并结合其他因素，选取合适的轨道作为载人火星探测航班化任务的高势能轨道。

本节将以 2033 年的合式轨道作为基准计算三种高势能轨道的后续任务方案质量规模，并进行对比分析。不同高势能轨道方案中质量规模的差异主要为：载人任务地球出发质量、地火转移级从停泊轨道至 LEO 的推进剂质量、地火转移级从地球附近返回停泊轨道的推进剂质量，而不同高势能轨道方案的货运部分质量规模相差不大。因此将不同高势能轨道以上部分质量规模的总和进行对比可大致评估每种方案的质量规模大小。

（1）地月 L2 轨道

① 轨道窗口

地月共线平动点周期轨道通过流形可以达到地球的附近与载人飞船完成交会对接，并且通过较小的速度增量即可逃逸地球。由于流形存在多个近拱点，地月共线平动点周期停泊轨道可以根据发射时间的不同，选取合适的近拱点从而使得各任务的推进剂消耗都很少。可以通过合理的相位及速度增量选择，使得货运飞船在合适的时间到达地球的附近，相比于大偏心率椭圆停泊轨道交会对接的时间选取更为自由。然而，地月的不变流形距离地球较远，需要额外施加速度增量才能到达距离地球较近的位置与载人飞船完成对接。另一方面，地月平动点轨道是相对于白道面不变的轨道，而白道面与黄道面之间存在有夹角，在应用于航班化火星探测时会限制发射机会。

② 质量规模分析

地火转移级从地月 L2 轨道回到近地轨道所需速度增量为 0.35 km/s，需要消耗推进剂 1.39 t。

对于载人转移任务，地火转移级首先由地月 L2 轨道返回近地轨道，然后与从地面发射的载人飞船进行交会对接，两者的组合体逃逸地球所需的速度增量为 0.8 km/s。到达火星后，进入火星停泊轨道的制动脉冲为 1.2 km/s。根据脉冲轨道质量规模评估方法，可以计算得到载人任务飞行器组合体的初始质量规模为 87.28 t。

另外，地火转移级回到 L2 轨道需要消耗推进剂 3.18 t。因此，地月 L2 轨道方案的质量规模合计为 91.85 t。表 4-13 为 2033 年停泊轨道为地月 L2 轨道时质量规模分析。

表 4-13　停泊轨道为地月 L2 轨道时质量规模分析（2023 年）（单位：t）

参数	数值
载人飞船	23
地火转移级	25
地球逃逸推进剂消耗	10.22
火星捕获推进剂消耗	13.06
生活物资 + 核心级	16
地火转移级从地月 L2 轨道至 LEO	1.39
地火转移级回到地月 L2 轨道	3.18
合计	91.85

③ 任务时间线

地火转移级从地月 L2 轨道至近地轨道大概需要 7 天的时间，因此确定好航天员的出发日期后，往前递推一周左右的时间便是地火转移级从地月 L2 轨道出发的日期，以此类推可得运载火箭为地火转移级进行推进剂补给的日期。采用地月 L2 轨道方案的整个任务时间线如表 4-14 所示。

表 4-14　地月 L2 轨道方案任务时间线

日期	事件
2033/04/06	运载火箭发射补给推进剂至地月 L2 轨道与地火转移级对接
2033/04/08	地火转移级离开地月 L2 轨道，前往近地轨道
2033/04/16	航天员乘坐载人飞船与深空生活舱交会对接
2033/04/17	组合体加速逃逸地球
2033/11/03	载人组合体到达火星轨道，探火任务开始
2035/05/07	航天员离开火星
2035/11/23	载人飞船与地火转移级分离，航天员乘坐载人飞船返回地球表面
2035/11/30	地火转移级返回地月 L2 轨道

（2）日地 L2 轨道

① 轨道窗口

日地共线平动点周期轨道也处于地球附近，具有与地月共线平动点周期轨道相同的优势：可以通过小的速度增量到达地球附近与载人飞船完成交会对接，并施加较小的速度增量逃逸地球；近拱点的分布较广，更适用于多次、多窗口的火星探测。进一步来说，相比于地月平动点周期轨道，日地平动点周期轨道的流形距离地球更近；并且日地平动点周期轨道相对于黄道面不变，发射机会的选择也更加的灵活。但是日地平动点周期轨道转移至地球附近所需的时间也比较长，两个任务之间所需要的等待时间比较长。

② 质量规模分析

日地 L2 轨道的质量规模计算方式与地月 L2 轨道基本一致，而地火转移级从日地 L2 轨道回到近地轨道基本不需要消耗推进剂。

对于载人任务，从日地 L2 轨道回到近地轨道与载人飞船对接后的逃逸地球的速度增量为 0.5 km/s，火星捕获的速度增量为 1.2 km/s，计算得到载人任务在地球停泊轨道上的初始质量规模为 83.25 t。

地火转移级从地球附近返回日地 L2 轨道时，需要施加的速度增量为 0.46 km/s，对应的推进剂消耗为 1.84 t。表 4-15 为 2033 年停泊轨道为日地 L2 轨道时质量规模分析。

表 4-15　停泊轨道为日地 L2 轨道时质量规模分析（2023 年）（单位：t）

参数	数值
载人飞船	23
地火转移级	25
地球逃逸推进剂消耗	6.19
火星捕获推进剂消耗	13.06
生活物资 + 核心级	16
地火转移级从日地 L2 轨道至 LEO	0
地火转移级回到日地 L2 轨道	1.84
合计	85.09

③ 任务时间线

采用日地 L2 轨道方案的整个任务时间线如表 4-16 所示。

表 4-16　日地 L2 轨道方案任务时间线

日期	事件
2032/08/20	运载火箭发射补给推进剂至日地 L2 轨道与地火转移级对接
2032/08/24	地火转移级离开日地 L2 轨道，前往近地轨道
2033/04/16	航天员乘坐载人飞船与深空生活舱交会对接
2033/04/17	组合体加速逃逸地球
2033/11/03	载人组合体到达火星轨道，探火任务开始
2035/05/07	航天员离开火星
2035/11/23	载人飞船与地火转移级分离，航天员乘坐载人飞船返回地球表面
2036/7/15	地火转移级返回日地 L2 轨道

（3）月球高轨道

① 轨道窗口

选择环月轨道作为深空生活舱和载人推进系统的停泊轨道，执行探测任务时，需要经过月球逃逸，轨道转移，到达载人飞船停泊轨道，实现交会对接。环月高轨相比环地高轨所具有的能量更高，可进一步降低转移所需的速度增量，且转移时间相比日地和地月平动点周期轨道要短。但待机设备与载人飞船实现近地交会前需要先完成月球逃逸，会损失一部分能量，且白道面与黄道面之间存在夹角，在应用于载人火星探测时同样会限制发射机会。与地月 L2 轨道相比，月球高轨道是一条动态稳定轨道，航天器可以长时间稳定在月球高轨道，不需要进行轨道修正。

② 质量规模分析

地火转移飞行器从月球高轨道至近地轨道所需速度增量为 0.2 km/s，需要消耗 0.78 t 推进剂。

对于载人任务，从月球高轨道回到近地轨道与载人飞船对接后的逃逸地球的速度增量为 0.7 km/s，火星捕获的速度增量为 1.2 km/s，计算得到载人任务在地球停泊轨道上的初始质量规模为 85.91 t。

地火转移级从地球附近返回月球高轨道时，需要施加的速度增量为

0.67 km/s，对应的推进剂消耗为 2.74 t。表 4–17 为 2033 年停泊轨道为月球高轨道时质量规模分析。

表 4–17　停泊轨道为月球高轨道时质量规模分析（2023 年）（单位：t）

参数	数值
载人飞船	23
地火转移级	25
地球逃逸推进剂消耗	6.19
火星捕获推进剂消耗	13.06
生活物资 + 核心级	16
地火转移级从月球高轨道至 LEO	0.78
地火转移级回到月球高轨道	2.74
合计	86.77

③ 任务时间线

由于月球高轨道转移至近地轨道附近所花的时间较短，因此月球高轨道方案对应的航天员出发任务总时间线较短，如表 4–18 所示。

表 4–18　月球高轨道方案任务时间线

日期	事件
2033/04/12	运载火箭发射补给推进剂至月球高轨道与地火转移级对接
2033/04/13	地火转移级离开月球高轨道，前往近地轨道
2033/04/16	航天员乘坐载人飞船与深空生活舱交会对接
2033/04/17	组合体加速逃逸地球
2033/11/03	载人组合体到达火星轨道，探火任务开始
2035/05/07	航天员离开火星
2035/11/23	载人飞船与地火转移级分离，航天员乘坐载人飞船返回地球表面
2035/11/27	地火转移级返回月球高轨道

（4）高势能轨道对比总结

1）从速度增量的角度考虑，日地 L2 轨道具有明显的优势，从日地 L2 轨道出发前往近地轨道几乎不需要消耗推进剂，且从火星返回地球时，地火转移级从归航轨道返回日地 L2 轨道所需的速度增量较其他高势能轨道小，因此日地 L2 轨道所对应的质量规模是三条高势能轨道中最小的。

2）对于轨道稳定性，地月 L2 轨道是一条动态不稳定轨道，地火转移级在轨道上需要额外的机动进行轨道调整，而日地 L2 轨道和月球高轨道是较稳定的轨道，不需要额外的轨道修正。

3）对于高势能轨道转移至近地轨道的转移时间，日地 L2 轨道的转移时间最长，长达 236 天；地月 L2 轨道和月球高轨道转移至近地轨道只需要几天的时间。

4）对于出发窗口，地月 L2 轨道每个月只有几天的窗口适合前往火星；日地 L2 轨道相对于黄道面不变，发射机会的选择也更加的灵活，且航天器在日地 L2 轨道至近地轨道的转移过程中容易实现调姿与调相，轨道设计也较为容易；月球高轨道所在的轨道平面与黄道面有一定夹角，会限制一些发射机会。

表 4-19 为三条高势能轨道对比。

表 4-19　三条高势能轨道对比

高势能轨道类型	地月 L2 轨道	日地 L2 轨道	月球高轨道
高势能轨道至 LEO 时间 / 日	7	236	4
高势能轨道至近地点 / (km/s)	0.35	0	0.2
地球逃逸 / (km/s)	0.8	0.5	0.7
火星捕获 / (km/s)	1.2	1.2	1.2
火星逃逸 / (km/s)	1.1	1.1	1.1
地火转移级返回轨道 / (km/s)	0.77	0.46	0.67
总速度增量 / (km/s)	4.22	3.26	3.87
载人质量规模 /t	91.85	85.09	86.77
出发窗口	较短	较长	较短
轨道稳定性	动态不稳定	较稳定	稳定

4.2.5　推进技术分析

4.2.5.1　化学推进

根据美国 DRA 5.0 方案，针对载人火星探测任务，若采用化学推进 / 气动捕获的转移策略，将对每一个机动主任务设计独立推进剂舱段。对于货运飞行器，两个货运飞行器将根据具体轨道设计，需要两到三个火星转移运输（TMI）推进模块。乘员飞行器将由三个 TMI 推进模块、一个火星进入（MOI）推进模块和一个地球转移（TEI）推进模块组成。两个外侧 TMI 推进模块执行第一次点火，中间的 TMI 模块执行第二次点火。每个 TMI 模块使用 5 个 RL10-B2 发动机。MOI 模块使用两个 RL10-B2 发动机，TMI 模块则是 MOI 模块的小尺寸版本。

根据计算，货运飞船共需发射 7 次，总重 717.3 t；载人飞船共需发射 6 次（5 次组装 +1 次乘员转移），总重 534.5 t。整个载人火星探测任务初始规模达到 1 251.8 t。

根据氢氧发动机和液氧甲烷发动机性能指标参数，可以分析得到若需要将 65 t 有效载荷送入火星轨道，并安全返回地球，其地球出发的转移运输系统规模分别为 500~700 t 和 900~1 100 t。

对于化学推进来说，其优势与劣势评估主要如下。

优势包括：

1）化学推进具有最高的技术成熟度，其推进系统较为成熟，无须额外研发。

2）安全性好，出发轨道无限制，可以在地球低轨组装出发。

劣势包括：

1）较低的比冲使得其出发规模极大，并且难以缩短地火转移时长。

2）使用甲烷作为推进剂时，其比冲较低（380 s）；使用液氢作为推进剂时，需要零蒸发技术以降低液氢蒸发，此技术目前仍不成熟。

3）化学推进性能目前已经接近其理论上限，未来可拓展潜能较小，难以满足未来更远的探测任务动力需求。

4.2.5.2　核电推进

空间核电推进的未来应用主要包括大型空间平台、空间转移、大功率科学探测和通信、空间往返运输平台、小行星采样返回任务、带外行星探测、载人火星中的货运任务和地外行星探测任务等。与化学推进技术相比，大功率核电推进系统的设计涉及核反应堆、热电转换、热管理、热辐射、大功率电源管理与分配和大功率电推进系统等多学科领域，系统庞大而复杂。

由于核电推进系统复杂，同时较低的热电转换效率使得对应辐射器的质量、规模都难以控制，以目前的技术，核电推进动力系统的质量／功率比不易达到 10 kg/kW 之下，难以单独满足未来载人火星探测需要。

基于现有的技术条件，俄罗斯提出了利用 1 MW 电推力器实现载人火星探测的方案，其中载人飞船方案电功率 315 kW，三艘货运飞船电功率均为 1 015 kW。通过 12 个 50 kW 霍尔电推力器簇的并联安装，实现地火转移的变轨。由于其较大的出发规模和较低的推力，使得其转移时间相对较长，难以满足目前任务需要[90]。

未来随着电推进系统的优化与改进，核电推进的比质量将进一步降低，可以实现更快速的地火转移。比质量对地火转移时间的影响如图 4-10 所示。

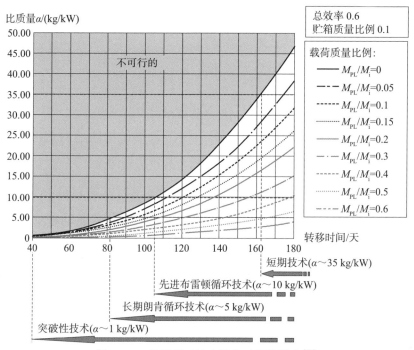

图 4-10　比质量对地火转移时间的影响 [90]

对于核电推进来说，其优势与劣势评估主要如下。

优势包括：

1）核电推进可在空间核电源和电推进系统两个领域并行研发，电推力器技术成熟度较高。

2）核电运载器将在地球轨道以无人状态执行轨道抬升任务，可以大幅减小地火转移级规模。

3）人货分运方案优势明显，货运飞船可以更低的速度、更少的推进剂消耗实现地火转移，经济性更好。

4）核热推进尚处于初步发展阶段，其发展潜力极大，前期投资带来的未来收益更高。同时空间核电源同样可以用于空间站或外星基地的能量供应。

劣势包括：

1）核电推进推重比低，地火转移时间长。

2）技术成熟度较低，需要大量研发工作。

4.2.5.3 核热推进

根据 DRA 5.0，未来载人登陆火星任务采用近地轨道对接 + 环火星轨道对接的任务模式。DRA 5.0 评估了核热推进发动机和氢氧发动机对任务规模的影响，认为核热推进发动机是火星转移飞行器的首选方案。该方案计划使用源于涅瓦尔计划的山鹬（Pewee）核热推进发动机，单机推力66.7~111.2 kN，比冲 906~941 s。

采用空间核热推进发动机技术，初始低地球轨道总质量约为 848.4 t，需9 发重型运载火箭和 1 发载人火箭；而采用氢氧发动机，初始低地球轨道总质量约为 1 251.8 t，至少需 12 发重型运载火箭和 1 发载人火箭，任务规模、周期和复杂性显著增加。之后，NASA 格林研究中心在 9 次重型发射的基础上，提出了 7 次重型发射的载人登陆火星探测任务模式，初始低地球轨道总质量约为 799.2 t。

对于核热裂变推进来说，其优势与劣势评估主要如下。

优势包括：

1）核热推进具有相对较高的技术成熟度，目前已完成发动机的样机制造与地面试验。

2）相对化学推进，可以减小地火转移级规模。

劣势包括：

1）为减小核热发动机对地球环境影响，提升安全性，其出发轨道较高，对地面发射系统要求更高。

2）比冲相较化学推进仅提升一倍左右，优势有限。

3）针对核运载器大量液氢推进剂长期在轨需求，需要开发低温推进剂在轨零蒸发技术。

4.2.5.4　核热 + 核电混合推进

（1）方案一

当行星际采用核电推进系统时，为了缩短航天员在地球影响球和火星影响球内的飞行时间，一般需要在地球影响球内和火星影响球内采用核热推进方式。即整个飞行流程为：利用核热推进系统出地球影响球，然后采用核电推进系统到达火星影响球，再利用核热推进系统进行火星轨道捕获。

针对主动力采用核热核电双主动力形式，主要考虑充分利用核电推进的高比冲，在任务架构中的转移段采用核电推进进行轨道优化，缩短相应的转移时间。出发流程为：

1）由运载火箭将核热推进系统、核电推进系统、载人飞船等分别运送至近地轨道；核热推进系统、核电推进系统、载人飞船等进行在轨组装，形成携带有效载荷的载人型核动力运载器。

2）核动力运载器开启核热发动机，进入地火转移轨道，转移过程中采用核电动力进行轨道优化。

3）接近火星时，开启核热发动机，进行近火制动，随后执行任务。

对于该推进组合方案来说，其优势与劣势评估主要如下。

优势包括：

1）充分利用了核热大推力的优势出地球影响球，利用核电高比冲的优势，缩短地火转移时间。

2）整体任务架构简单。

劣势包括：

1）推进系统复杂，技术成熟度低。

2）核电作为转移级动力推力小，且加上了核热推进系统的质量，使地火转移过程中整个系统的推重比进一步下降，存在转移时间缩短效果不明显的后果。

（2）方案二

通过分析发现，载人火星探测任务中地球逃逸段推进剂消耗在总推进剂消耗中的占比较大。导致该现象的原因有两个，一是从地球逃逸的速度增量较大，二是从地球逃逸携带的有效载荷质量规模较大。在给定载人火星探测任务相关参数下，载人火星探测携带的有效载荷质量无法改变，因此，减小地球逃逸速度增量是进一步减少推进剂消耗的唯一方法。

为了实现该目的，必须使地球逃逸的出发轨道处于一条高势能轨道，同时减少从近地轨道爬升至高势能轨道所消耗的推进剂，才能在整体上减小载人火星探测任务的质量规模。单纯的核热推进方式已经无法减少该爬升段的推进剂消耗。为此，利用核电推进系统具有高比冲的特点，同时使用核电 + 核热的混合推进方式，利用其各自的优势减小任务总质量规模。

考虑一种核热 + 核电双模式推进方式方案。所谓双模式推进是指同时利用核热推进系统和核电推进系统进行轨道转移的模式。仅用核热推进系统的情况下，载人火星探测的所有深空机动都使用核热推进系统进行变轨，而双模式则是利用核电推进系统将地火转移级从近地轨道逐步推升到一个高地球轨道（见图 4-11）。从高轨进行逃逸时的速度增量明显比近地轨道逃逸的速度增量小，因此双模式在一定条件下理论上可以减小质量规模。当地火转移级到达高地球轨道后，航天员乘坐载人飞船从地球出发至高轨与地火转移级进行交会对接，然后在高轨道利用核热推进系统加速逃逸地球。出发流程为：

1）在上一个火星探测窗口内将货物运送至火星停泊轨道待命；

2）将地火转移级发送至 500 km 高度地球圆轨道；

3）利用核电推进系统将地火转移级推升至高地球轨道；

4）载人飞船携带航天员从地球出发前往大椭圆轨道，在近地点与地火转移级对接，利用核热推进逃逸前往火星。

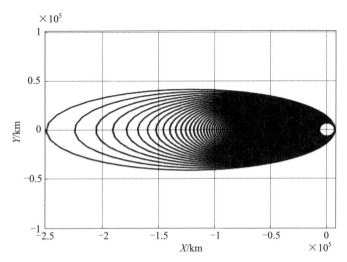

图 4-11　核电推进方式下从近地轨道转移至椭圆轨道

对于该推进组合方案来说，其优势与劣势评估主要如下。

优势包括：

1）充分利用了核热和核电的优势，并在地球高轨出发，大大减小了地火转移级规模。

2）减小了在火星轨道的交会对接次数，且在地球高轨启动核热发动机，任务安全性更高。

劣势包括：

1）任务架构较为复杂，地球空间交会对接次数多。

2）从地球低轨到地球高轨摆渡时间长。

4.2.5.5 核聚变推进

前面几种载人火星探测任务总体系统规模非常庞大，根据之前的方案设计结果，任务总体 IMLEO 超过 600 t，这意味着数十次重型运载火箭的发射以及几乎同样多次数的高难度近地轨道交会对接和组装，这些问题使得载人火星探测任务的具体实施面临着极大的困难。导致如此之大的质量规模的一个重要原因就是，方案中使用的推进系统性能不足以支持大规模载人火星探测任务的进行：一方面，低比冲导致了较高的推进剂需求；另一方面，推进能力的不足造成星际飞行时间和火星表面停留时间较长，进而需要携带火星表面生活舱等支持设施，以保证航天员在火星表面长时间的生存和科学活动，这又极大地增加了有效载荷的质量。

因此，如果采用推进能力更强的先进推进系统，可以极大地减小载人火星探测任务的总体质量规模。事实上，在最近的一些研究中就提出了一种基于磁惯性约束的核聚变推进系统，能够满足低成本载人火星探测任务的要求。

当应用这种先进推进系统时，区分合式轨道与冲式轨道的意义已经不再明显，可以根据任务需求来确定转移时间和停留时间，而任务方案一般希望在火星表面停留时间为一个月左右，以保证科学活动时间足够的同时尽量减少航天员在火星表面的停留时间。如此便不需要大质量的火星表面生活支持设施，从而可以大幅减小载人火星探测任务的总体质量规模。

从任务方案上来讲，也无须分别进行载人任务与载货任务，完全可以采用一体化的运输模式，在一次往返任务中，将航天员与进行探测所需的科学载荷一起运送至火星再返回地球。这样大大降低了任务复杂度以及对各个设备可靠性的要求，减小了任务的风险。

基于以上设计参考，可以得出核聚变运输系统完成载人火星探测任务的一些参数的相互关系。其中载人火星探测任务主要考虑 30 天奔向火星和 90 天奔向火星任务。采用 30 天任务和 90 天任务的轨道如图 4-12 所示[89-90]。

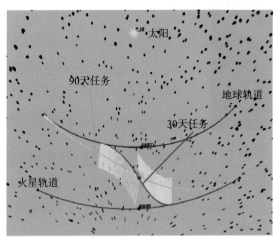

图 4-12　30 天和 90 天奔向火星任务轨道[90]

对于 90 天任务，运输系统总任务时间约 210 天，其中从地球飞向火星约需要 82.9 天，在火星表面停留 30 天，然后从火星返回地球约需要 97.1 天。

为完成载人火星探测任务，根据 DRA 5.0 的分析结果，为了保证载人需求，有效载荷需要 65 t，为此计算了完成任务所需的各个系统的质量，初始近地轨道出发规模共计需要 133 t，只需要 1 次重型火箭发射即可完任务。相对应的，基于 DRA 5.0 研究中的核热推进火箭，需要 848.7 t 的初始近地轨道出发规模，共计要发射 9 次重型火箭，完成整个任务需要 1 680 天。

整个飞行器各系统的质量如图 4-13 所示，为完成 90 天奔向火星任务并在 210 天内返回地球，整个星际运输系统初始总质量约 133 t。

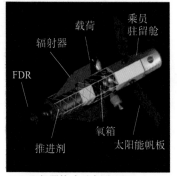

FDR飞行器构成示意图

航天器组件	质量/t
航天器结构	6.6
锂电池保护壳	0.1
FRC构型	0.2
推进剂加注装置	1.2
储能器	1.8
线性驱动线圈	0.3
开关与电缆	1.8
太阳能帆板	1.5
热管理装置	1.3
磁性喷嘴	0.2
航天器质量	15
乘员驻留舱(DRA 5.0)	61
锂推进剂	57
总质量	133

图 4-13 90 天奔向火星任务各系统质量统计 [93]

对于核聚变推进来说，其优势与劣势评估主要如下。

优势包括：

1）相对于核电推进更大的推力，可以大幅缩短行星逃逸／捕获时间，实现近地轨道直接出发与地火快速运输，实现地火航班化运输。

2）人货分运模式带来的优势明显，货运飞船可以更长的转移时间为代价实现更大的运载能力。

3）核辐射与污染有望进一步减少，轨道约束更小。

劣势包括：

1）由于可控核聚变技术成熟度极低，未来实现空间应用所需要投入的时间与资金仍不明朗。

2）对于未来航班化空间运输，核聚变所需氦三用量将显著增加，需要结合月球采矿以满足大规模空间运输需求。

4.2.5.6 基于天梯火星探测模式研究

天梯发射地球轨道有效载荷的任务流程可简述为：1）天梯携带载荷到某

一指定轨道高度；2）天梯在指定轨道高度释放载荷；3）载荷施加脉冲，改变轨道形状并修正轨道倾角。

天梯发射火星轨道有效载荷，与近地轨道出发奔往火星不同，利用天梯把有效载荷送入 GEO 点或者送到天梯距离地球最远端，然后释放，让有效载荷自身机动奔往火星，可以使有效载荷尽可能地克服地球引力，并获得较多的出发能量，从而以最小的代价奔向火星。这两种方式中，通常在 GEO 点出发对天梯整体结构影响最小（如绳系张力、天梯两端点配重等），而在天梯最远端出发可以获得更多的能量。

（1）基于圆锥曲线的近地轨道出发火星探测任务分析

基于圆锥曲线拼接法，计算了 2030—2050 年从地球出发到达火星的出发日期、飞行时间以及所需总速度增量（包括地球出发速度增量以及到达火星速度增量）之间的关系（以 200 km LEO 轨道出发为例），如图 4-14~图 4-17 所示。

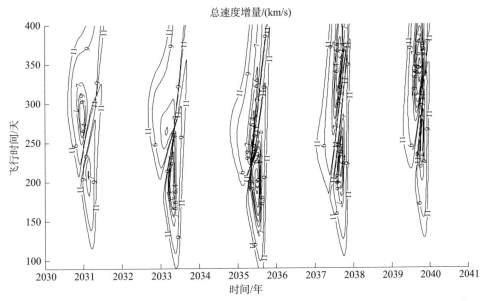

图 4-14　地球—火星转移出发时间、飞行时间与所需总速度增量的关系（2030—2040）

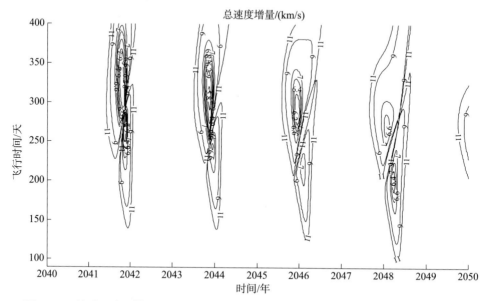

图4-15 地球—火星转移出发时间、飞行时间与所需总速度增量的关系（2040—2050）

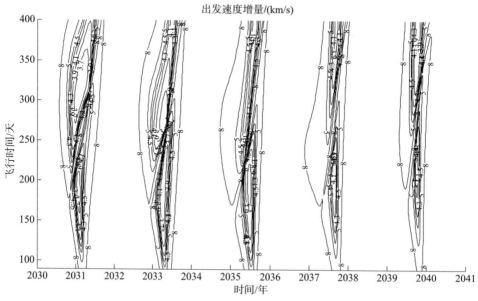

图4-16 地球—火星转移出发时间、飞行时间与地球出发速度增量的关系（2030—2040）

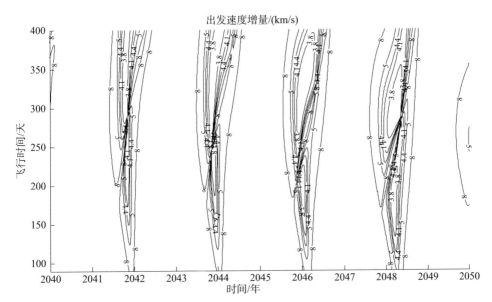

图 4-17　地球—火星转移出发时间、飞行时间与地球出发速度增量的关系（2040—2050）

　　由以上 20 年的计算结果可见，地球—火星探测任务每 26 个月（约 2.1 年）存在一个发射窗口，但由于地球和火星公转的轨道面不重合，使得二者每两年间的轨道窗口对应的速度增量并不一致，但大约每 7 个发射机会之后，从第 8 个发射机会开始又循环出现基本相同的一组发射机会，对应出现一个 15 年的循环窗口周期（实际上，基于以上能量曲线图，可发现完全相同的发射机会每 79 年循环出现）。

　　从地球出发到达火星总速度增量最少需要 5.64 km/s，从地球出发速度增量最少需要 3.53 km/s。对载人航天任务而言，需要适当缩短飞行时间，因此出发速度增量一般要高达 3.8 km/s。

　　美国 DRA 5.0 计划对载人火星探测任务进行了详细研究，整个任务分为载人和载货两部分，其中载人和载货飞船首选核热推进，整个火星探测任务规模高达 850 t。

（2）基于圆锥曲线的天梯发射火星探测任务分析

以下分析了2030—2050年，从GEO点和天梯最远端释放时，出发到达火星，不同出发日期、不同飞行时间与所需速度增量的关系。

① GEO点释放

由图4-18和图4-19的计算结果可见，GEO轨道发射窗口与近地轨道发射窗口分布一致，但从地球出发到达火星总速度增量最少仅需要4.21 km/s，从地球出发速度增量最少仅需要2.00 km/s。对载人航天任务而言，需要适当缩短飞行时间，出发速度增量也仅需要约2.4 km/s。

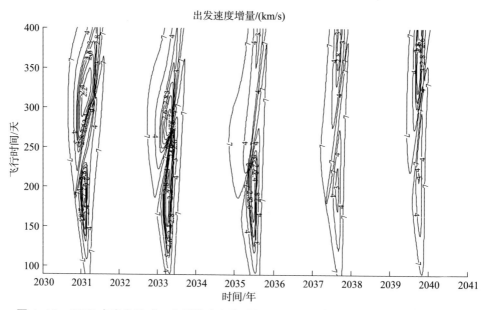

图4-18 GEO点出发地球—火星转移出发时间、飞行时间与地球出发速度增量的关系
（2030—2040）

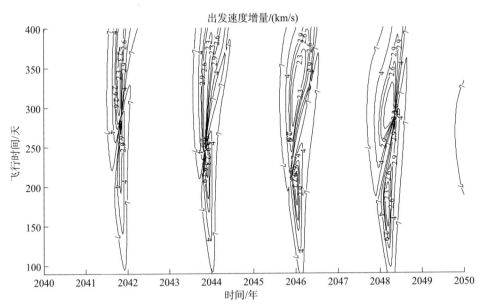

图 4-19　GEO 点出发地球—火星转移出发时间、飞行时间与地球出发速度增量的关系
（2040—2050）

由计算结果可见，基于天梯在 GEO 点执行载人火星探测任务出发速度增量与近地轨道出发相比减少约 1.4 km/s。

② 天梯远端释放

由于地球和火星轨道倾角相差不大，而且倾角都较小，在天梯远端释放时，可以尽可能地获得天梯提供的初始能力。

图 4-20 和图 4-21 显示了 2030—2050 年时间区间内，在天梯远端释放发射火星探测任务所需的出发速度增量计算结果。

由计算结果可见，在远端释放时，同样每两年存在一次发射窗口，远端释放所需速度增量极小，甚至其中最小速度增量近似等于 0。由此可见，在天梯发射火星探测任务时可以选择远端释放方式。

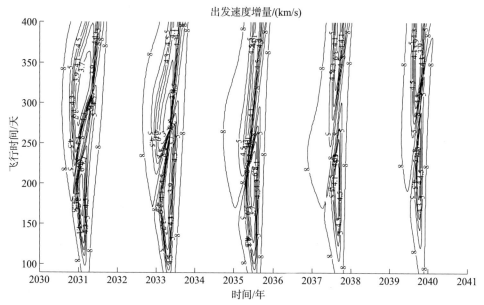

图 4-20　天梯远端出发地球—火星转移出发时间、飞行时间与地球出发速度增量的关系
（2030—2040）

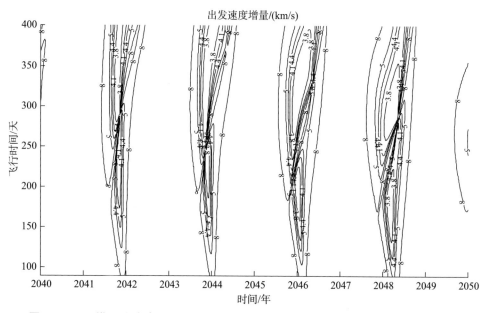

图 4-21　天梯远端地球—火星转移出发时间、飞行时间与地球出发速度增量的关系
（2040—2050）

天梯方案可以大幅降低从地面进入空间的运输成本与转移能力，配合核热、核电等空间运输系统，可以有效提升空间运输能力，实现火星大规模开发与殖民。

4.2.5.7　小结

根据前述参数，以 2033 年载人火星探测任务为例，采用不同的推进技术，对 2033 年 LEO-LMO- 地球的载人火星探测任务，有效载荷规模 65 t 进行分析，天梯出发模式采用从天梯空间远端出发，形成如表 4-20 所示的结果。

表 4-20　各推进技术用于载人火星探测任务对比分析

类型	子类型	运输系统规模估计 /t	单程飞行时间	技术成熟度
化学推进	液氧甲烷	900~1 100	180d	6~7
	液氢液氧	500~700	180d	7
核推进	核电（裂变）	200~300	2~4y	3~4
	核热（裂变）	300~400	180d	3
	核热核电（裂变）双模式	~400	180~200d	3~4
	核聚变	100~150	90d	1~2
天梯	天梯远端出发 + 氢氧	100~200	180d	2~3

根据上述分析结果，并考虑到技术的未来发展，得到以下结论：

1）目前化学推进、核热推进是实现载人火星探测的较为可行的方案。具体比较下，化学推进技术成熟，但出发规模较大，进一步发展潜力小；核热推进比冲更高、出发规模更小，是未来空间推进的必然发展方向，但技术成熟度相对较低，需要大量投入实现技术突破。核电推进由于其推重比限制，单纯采用核电推进实施地火转移时间过长，近期不适合载人飞行，但可以用于载货任务。

2）随着技术发展，核电推进比质量有效降低，将逐步适宜长距离的快速转移需求。同时，核热 + 核电双模式推进可以利用核热大推力缩短逃逸时间，利用核电推进高比冲实现转移期间持续加速，进一步缩短转移时间。

3）可控核聚变推进技术的突破，将使得推进系统比冲大幅提升，地球出发规模不再成为主要限制因素的同时，地火转移时间可以大幅缩短。

4）基于天梯的地火转移类似于从 HEO 出发，总速度增量需求大大减少，因此，即使采用氢氧化学推进技术，规模也较小。

4.2.6　火星捕获分析

4.2.6.1　气动捕获

气动捕获技术是指使探测器接近段双曲线轨道进入天体大气中，通过倾侧角等控制变量的变化利用气动力改变探测器飞行轨迹，从而实现由双曲线轨道向目标环绕轨道的轨道转移。

根据飞行环境的不同，可以将气动捕获划分为四个阶段。

第一阶段为双曲轨道段，即将探测器从进入火星影响球一直到进入火星大气层边界（一般定义为 120 km 高度处）段定义为双曲轨道段。

第二阶段是气动减速段，是指探测器在火星大气层中飞行的过程，这一阶段主要是利用火星大气阻力降低飞行速度，使探测器从双曲轨道转变为环绕轨道。气动减速段是气动捕获过程中最关键，也是最危险的阶段，探测器必须能够在严酷的气动加热环境中生存，同时确保飞出大气层时的速度和方向是可控的，以达到预定的轨道高度，而不是逃逸火星或者坠毁到火星表面。因此，整个气动捕获过程的制导和控制也是在气动减速段实施。

第三阶段是过渡段，是指探测器飞出大气层到达远火点之前的过程。在过渡段，探测器处在一条近火点高度在火星大气层以内的轨道，因此必须在到达远火点时实施一次加速机动，抬高近火点高度，否则，探测器将重新飞入大气层并坠毁到火星表面。

第四阶段是轨道调整段。从理论上来说，在经过过渡段的远火点加速机动后，探测器就已经进入最终的环绕轨道，但是从工程实际角度来说，由于受各种误差的影响，远火点加速机动后的轨道与最终的环绕轨道存在偏差，需要经过多次的轨道调整与修正才能到达目标轨道。

大气制动的整个过程中，探测器执行有限推力捕获程序后进入大椭圆过渡轨道，在远火点附近将轨道近火点降到大气层以内；经历多圈大气制动后，轨道逐渐圆化，远火点高度逐渐降低；当远火点接近目标轨道时，在其附近利用有限推力机动到圆形任务轨道。空气制动大大减小了航天器进入低目标轨道所需的推进剂质量。

利用大气阻力进行航天器捕获的重点是升阻比的设置，该升阻比由进入速度、导航误差和空气动力学不确定性决定。通常，在较低的进入速度下需要较高的升阻比完成捕获；随着进入速度的增加，飞行器在进入大气过程中消耗了更多的能量，因此应该降低升阻比，同时保证满足规定的减速极限，即升阻比不能过低。

相比于直接制动捕获，采用火星气动捕获技术可以大幅度减小所需速度增量与载人火星探测任务的初始质量规模，通常情况下，采用气动辅助捕获技术可以节约 90%~95% 的速度增量（一次捕获，所需速度增量为 100~150 m/s），对于载人火星探测任务而言，节省该部分速度增量可以减小地球出发时系统的质量规模，约总质量规模的 10%。特别地，在人货分离运输模式下，采用一次气动捕获与直接制动捕获的系统质量规模对比见表 4-21。

表 4-21　一次气动捕获与直接制动捕获的系统质量规模对比

出发日期	地球逃逸速度增量 /（km/s）	火星制动捕获速度增量 /（km/s）	火星逃逸速度增量 /（km/s）	地球捕获速度增量 /（km/s）	载人任务 地球出发质量规模		货运任务 地球出发质量规模	
					气动捕获 /t	制动捕获 /t	气动捕获 /t	制动捕获 /t
2031/01/01	3.63	1.38	0.81	0	117.55	145.68	249.28	268.88
2033/04/17	3.57	1.25	1.05	0	116.24	141.09	248.86	267.45
2035/06/27	3.62	0.89	1.53	0	117.33	134.53	249.21	265.17
2037/08/02	4.08	0.87	1.26	0	128.02	146.32	252.48	268.50
2039/09/09	3.83	0.82	1.06	0	122.05	138.41	250.70	266.23
2041/10/17	3.60	0.82	0.96	0	116.89	132.57	249.06	264.50

4.2.6.2　反推制动捕获

火星探测器制动捕获阶段是指从火星探测器进入火星影响球开始，到制动捕获发动机工作结束关机，探测器进入预定轨道的阶段，在此过程中探测器的轨道由双曲线轨道变为椭圆或圆形轨道。

利用探测器发动机制动实现轨道捕获，其间不利用火星大气辅助减速，设计地火转移轨道的双曲线顶点高度为目标轨道高度，当探测器飞行至双曲线顶点时执行脉冲变轨实现环火星轨道的捕获。

当前设计火星气动捕获允许的最大进入速度为 8.5 km/s，当抵达火星的速度小于 8.5 km/s，既可以采取制动捕获也可以采取气动捕获；当进入速度大于 8.5 km/s，可以进行制动捕获加气动捕获结合的捕获方式，利用推进系统使航天器的再入速度降低到 8.5 km/s 以下，然后利用火星大气进行气动捕获；也可以采取全程制动捕获而不依赖气动捕获，但这种捕获方式是一种极消耗推进剂的方式。

4.2.6.3　小结

在火星探测并返回的任务中，在到达火星和返回地球的过程中采用反推制动还是大气捕获，对速度增量的需求影响很大。对从 LEO 出发到达环火轨道，再返回 LEO 的任务进行分析，采用典型脉冲推进合式轨道进行计算，得到如表 4-22 所示结果。

表 4-22　不同火星捕获方式速度增量分析结果

序号	地火转移（LEO–LMO）	火地转移（LMO–LEO）	总速度增量需求 /（km/s）
1	反推制动	反推制动	7.7
2	反推制动	大气捕获	5.93
3	大气捕获	大气捕获	4.7

对于载人火星探测任务，采用大气捕获能够有效降低运输系统的速度增量需求，降低对运输系统的规模需求，但也带来了总体 – 气动布局设计、防热、控制等技术难度。

第 **5** 章

载人火星探测发展路线与总体架构设计

5.1 发展路线及任务模式选择

　　未来载人火星探测可采用三步走的总体发展路线，从最初的机器人探测，到初期载人探测，再到航班化载人探测。

5.1.1 第一步：机器人探测（技术准备阶段）

　　本阶段也可称为载人火星探测任务的技术准备阶段。在正式实施载人探测之前，开展机器人探测任务，如载人火星着陆和基地建设的地点选择与考察、火星的采样返回等，验证后续载人探测所需的相关关键技术，降低载人探测的技术风险，包括验证星际运输和推进技术、再入着陆与返回技术、部分火星基地和地面基础设施建设所需技术等。

任务模式：LEO 出发，典型脉冲式合式轨道，化学推进。

5.1.2 第二步：初期载人火星探测（技术成熟与初步应用阶段）

执行初期载人火星探测任务时，由于缺乏经验，面临如此复杂的任务，难度比较大，因此，正式的载人探测需由易到难。在正式开展载人火星着陆探测之前，可以实施载人火星环绕探测或火星卫星的载人着陆等任务。因此，一般情况，本阶段还可以分成以下子阶段：1）载人火星环绕探测或火星卫星载人着陆探测；2）首次载人火星登陆探测；3）建立具备完备功能的火星基地。

对于正式载人火星登陆任务，由于在开展载人火星探测前，可能已建立了较为完善的月球空间基础设施，如月球轨道空间站，出发点除地球轨道外，也可以是环月轨道，推进系统可以采用化学推进或核热推进技术，轨道设计可以采用长停留合式轨道或短停留冲式轨道，并采用原位资源利用技术。

任务模式选择有以下 4 种。

任务模式 1：人货合运，LEO/HLO 出发，合式轨道，化学推进，气动捕获，原位资源利用。

任务模式 2：人货分运，LEO/HLO 出发，合式轨道，核热推进，气动捕获，原位资源利用。

任务模式 3：人货分运，LEO/HLO 出发，冲式轨道，核热 + 核电推进组合，气动捕获，原位资源利用。

任务模式 4：人货分运，HEO 出发，合式轨道，核电＋核热推进组合，气动捕获，原位资源利用。

5.1.3　第三步：航班化载人火星探测（技术升级与地火经济圈形成阶段）

执行航班化载人火星探测任务时，前期的载人火星探测任务已经积累了一定的技术基础和经验，并完成了功能较为完备的火星基地建设等工作，具备了地火航班化往返的条件。

本阶段的任务模式将很大程度上取决于推进技术的发展情况，当核推进技术尚未完全成熟时，可采用成熟的化学推进，以大规模运输系统或舰队的方式实施航班化运输，初步形成地火经济圈。初期虽然火星表面已形成一定的基础设施和资源生产能力，但地球依然是火星基地和火星探测人员的重要补充来源，需不断扩展和完善火星地面基础设施。

当核推进技术成熟时，采用核推进技术，运输系统的能力进一步增强，能够形成更加强大的地火经济圈，火星探测规模能够进一步扩大，但发射窗口和转移时间没有本质改变。该阶段，地球系统与火星系统之间的活动大大增加，二者互相支撑，地火经济圈规模日益扩大，并开始辐射到其他太阳系内行星。

远期当核聚变技术成熟时，将极大地改变空间任务模式，发射窗口和转移时间选择将极大地增加，具备更大规模的地火往返运输能力，随着核聚变推进运载器这类革命性运输设备的出现，地火经济活动规模快速增长，并全面辐射到全太阳系等更远空间的载人任务。

为更好地满足航班化的运输任务的需求，应完成环月高轨、地月 L2 点、日地 L2 点等空间基地建设，借助空间基地实现航班化运输。

本阶段具体任务模式如下。

任务模式1：空间基地出发，合式/冲式轨道，化学推进/核裂变推进，气动捕获，原位资源利用。

任务模式2：空间基地出发，冲式轨道，核聚变推进，气动捕获，原位资源利用。

任务模式3：空间基地出发，循环轨道，核推进，气动捕获，原位资源利用。

5.2 任务架构设计

5.2.1 机器人火星探测

在开展载人火星探测前，利用机器人火星探测来验证相关关键技术，降低载人探测的风险，这里以火星采样返回为例进行架构设计（见图5-1），飞行剖面如下。

1）采用一枚重型运载火箭发射采样返回飞行器，直接进入奔火轨道；

2）飞行器经过星际转移飞行，再进行近火制动，释放无人着陆与上升器；

3）着陆与上升器着陆火星表面，并完成火星表面操作，上升器起飞进入返回轨道；

4）返回飞行器经过长时间飞行，直接进入地球大气，再入返回地球。

如果不具备大质量发射入轨能力，火星采样返回的任务也可以采用多次发射、分步的方式完成，例如美国NASA与欧洲航天局共同设计正在执行的火星采样任务。

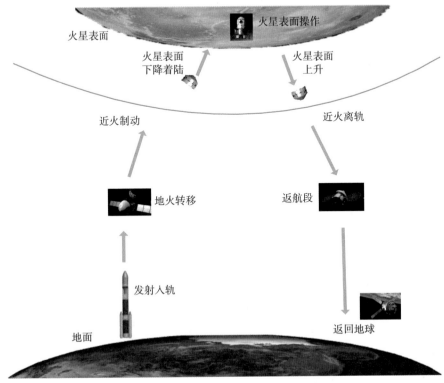

火星表面

火星表面操作

火星表面
下降着陆

火星表面
上升

近火制动

近火离轨

地火转移

返航段

发射入轨

地面

返回地球

图 5-1　火星采样返回典型任务架构

5.2.2　初期载人火星探测

在初期载人火星探测任务中，给出以下四种任务架构方案。

5.2.2.1　方案一

方案一基于化学推进和气动减速的载人火星探测任务架构（见图 5-2），地火转移从 LEO 出发，选择典型脉冲式合式轨道，任务剖面如下。

1）载人版化学推进运载器点火起飞，一级飞行结束后与二级分离，一级返回到发射点软着陆，实现重复使用，二级点火继续推进进入近地轨道，等待加注；

2）发射加注版化学推进运载器，同样分离后一级返回发射点，加注版二级进入近地轨道后与载人版二级对接，并实现推进剂的在轨加注，随后加注版二级返回地球；

3）经过多次在轨加注后，装满推进剂的载人版二级点火进入地火转移轨道；

4）到达火星后，二级采用气动捕获方式直接进入火星大气，并利用发动机推力进行最终减速，实现在火星表面软着陆；

5）在经过火星原位资源利用后，装满推进剂的载人版二级起飞并通过火地转移轨道直接返回地球；

6）二级再入地球，经过气动减速后，软着陆完成载人或载货运输。

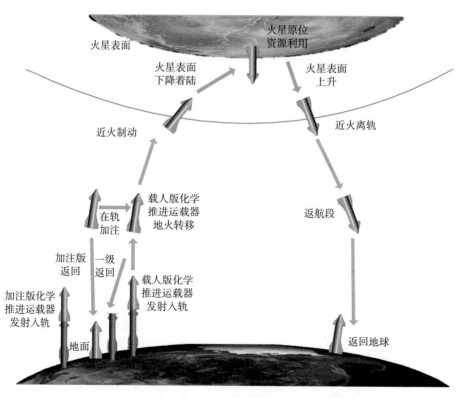

图 5-2　基于化学推进和气动减速的载人火星探测任务架构

　　此种方案从经济性角度出发，按照两级完全重复使用的思路进行载人火星探测任务框架设计。首先把二级发射入轨，等待在轨加注，需要在短时间内进行多次复杂的发射、交会对接和加注操作，且这些操作必须全部取得成功，这就对整个发射系统的可靠性和快速发射支持能力提出了较高的要求。

5.2.2.2　方案二

　　方案二为基于核热单主动力形式的载人火星探测任务架构（见图 5-3）。采用人货分运的运输模式，地火转移从 LEO 出发，选择典型脉冲式合式轨道，任务剖面如下。

　　1）由运载火箭将核热推进核心级、液氢贮箱（含推进剂）、货舱等分别运送至近地轨道；核热推进核心级、液氢贮箱（含推进剂）、货舱等进行在轨组装，形成携带有效载荷的载货转移级；

　　2）载货转移级开启核热发动机，进入地火转移轨道，之后抛掉使用完毕的贮箱，在轨滑行；

　　3）接近火星时，采用近火制动进行环火或采用火星大气捕获模式直接降落至火星表面；

　　4）当已到达火星的物资设备一切运行良好，并达到发射窗口时，由运载火箭将核热推进核心级、液氢贮箱、载人飞船等分别运送至近地轨道；核热推进核心级、液氢贮箱、载人飞船等进行在轨组装，形成携带有效载荷的载人转移级；

　　5）载人转移级开启核热发动机，进入地火转移轨道，之后抛掉使用完毕的贮箱，在轨滑行；

　　6）接近火星时，载人转移级开启核热发动机，进行近火制动，进入环火轨道进行停留，等待火星探测任务；

7）载人飞船从核动力运载器中分离出来，与之前在环火轨道上布置好的火星着陆与上升器对接，航天员通过火星着陆与上升器，着陆火星表面进行探测，之后进入与火星着陆与上升器对接的载人飞船，回到环火轨道；

8）载人飞船与等待在环火轨道上的载人转移级重新对接；载人转移级开启核热发动机，进入火地转移轨道，接近地球时直接通过载人飞船着陆地球。

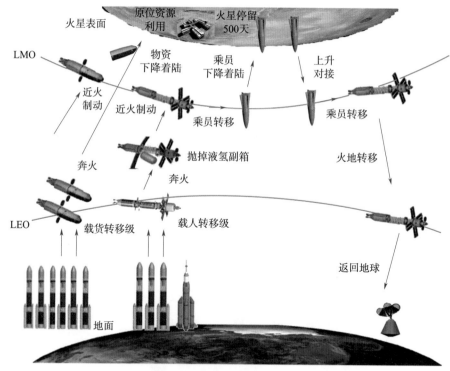

图 5-3　基于核热单主动力形式的载人火星探测任务架构

5.2.2.3　方案三

方案三为基于核热核电双主动力运载器的载人火星探测任务架构（见图 5-4）。

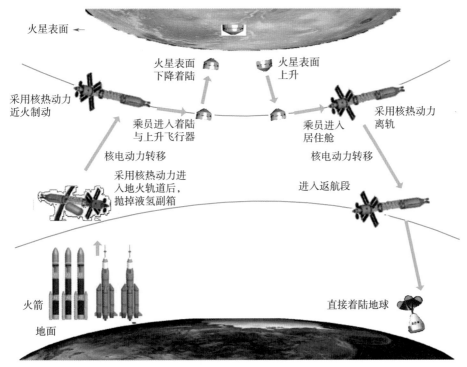

图 5-4　基于核热核电双主动力运载器的载人火星探测任务架构

采用核热核电双主动力形式时，主要考虑充分利用核电推进的高比冲，在任务架构中的转移段采用核电推进进行轨道优化，缩短相应的转移时间。由于载货型对时间要求不严苛，因此其载货型的任务剖面与核热主动力形式载货型相同；针对初期载人任务，整个探测任务的飞行剖面如下。

1）由运载火箭将核热推进核心级、液氢贮箱（含推进剂）、核电推进系统、载人飞船等分别运送至近地轨道；

2）核热推进核心级、液氢贮箱（含推进剂）、核电推进系统、载人飞船等进行在轨组装，形成携带有效载荷的载人型核动力运载器；

3）核动力运载器开启核热发动机，进入地火转移轨道，之后抛掉使用完毕的贮箱，转移过程中采用核电动力进行轨道优化；

4）接近火星时，开启核热发动机，进行近火制动，随后在环火轨道停留等待；

5）载人飞船从核动力运载器中分离出来，与之前在环火轨道上布置好的火星着陆与上升器对接，乘员通过火星着陆与上升器，着陆火星表面进行探测，之后进入与火星着陆与上升器对接的载人飞船，回到环火轨道；

6）载人飞船与等待在环火轨道上的核动力运载器重新对接，形成携带载人飞船的核动力运载器；

7）核动力运载器开启核热发动机，进入火地转移轨道，在转移过程中采用核电动力进行轨道优化，接近地球时直接通过载人飞船着陆地球。

5.2.2.4　方案四

方案四为基于核电摆渡级＋核热转移运载器接力组合的载人火星探测任务架构（见图5-5）。采用人货分运的运输模式，地火转移从HEO出发，选择典型脉冲式合式轨道，任务剖面如下。

1）由运载火箭先将摆渡级发射入轨，再分批将载货转移级组件及其有效载荷（有效载荷为火星着陆与上升器和火星表面设施等）送至近地轨道，在轨组装载货转移级；

2）摆渡级将载货转移级摆渡至地球高轨，摆渡级返回近地轨道，等待在轨加注；

3）载货转移级携带载荷进入地火转移轨道，采用大气捕获近火制动进入环火轨道，等待乘员到达，释放火星表面设施再入着陆火星表面，进行推进剂制备等准备工作；

4）由运载火箭发射加注飞行器，对摆渡级进行在轨加注，等待下次摆渡任务；

5）由运载火箭将载人转移级组件和深空居住舱等有效载荷运送至近地轨道，在轨组装载人转移级，并由摆渡级转移至高轨等待；

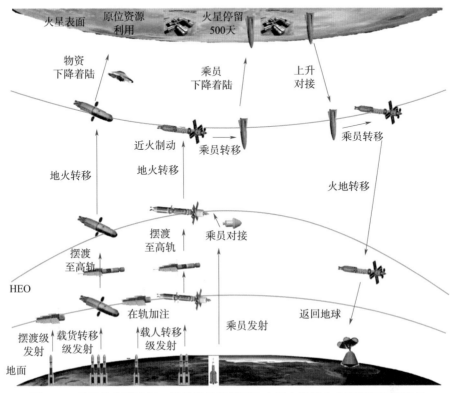

图 5-5　基于核电摆渡级 + 核热转移运载器接力组合的载人火星探测任务架构

6）当已到达火星的物资设备和在高轨等待载人转移级一切运行良好，并达到发射窗口，由载人火箭将载人飞船（携带乘员）直接发射进入高轨，与在高轨等待的载人转移级对接，载人转移级携带乘员进入地火转移轨道；

7）载人转移级近火制动进入环火轨道，载人飞船与之前在环火轨道上已布置好的火星着陆与上升器对接，乘员进入着陆与上升器，并再入火星大气，着陆火星表面，进行火星表面作业；

8）乘员完成火星表面作业，火星着陆与上升器加注推进剂，乘员进入火星着陆与上升器返回环火轨道；

9）火星着陆与上升器与等待在环火轨道上的载人转移级对接，乘员进

入居住舱;

10）载人转移级点火进入火地转移轨道，抵达地球，通过载人飞船直接再入大气着陆地球。

该方案综合权衡了任务的安全性和系统的规模两个重点考虑因素，如表5-1所示。架构中采用了人货分运模式，货物先期到达火星进行准备工作，并在确保一切运行正常的情况下再实施载人发射，能够使任务的安全性大大提高。在减小整体任务规模的角度，该架构中地火转移级采用核推进技术，其中载货转移级采用大气捕获方式进入环火轨道以进一步降低系统规模，而载人转移级为确保安全性采用了动力反推减速的方式进入环火轨道，并选择从地球高轨出发，虽然给高轨交会对接带来一定难度，但能够更进一步减小系统规模，且由于核发动机启动地点远离地球空间，能更好地保障核动力对地球的安全性。

表 5-1　方案四模式选择和特点分析

序号	架构设计模式	架构模式选择	特点
1	人货转移模式	人货分运	安全性高
2	推进技术	核推进 + 化学推进	兼顾安全性与系统规模
3	地球出发点	HEO	兼顾安全性与系统规模
4	火星达到点	火星轨道	安全性高
5	火星制动方式	载货转移级采用大气捕获 载人转移级采用发动机反推	兼顾安全性与系统规模

5.2.3　航班化载人火星探测

在航班化载人火星探测模式中，可采用化学推进或核动力一体化运输模式，从月球高轨、地月 L2 点、日地 L2 点等空间基地出发，根据不同推进技术进行脉冲式推进或者连续式推进，以此选择常规合式 / 冲式或循环轨道等类型，配合使用火星表面气动捕获和原位资源利用系统，可以供更多航天员奔赴火星和返回。需要说明的是，航班化载人火星探测模式下默认已经建好火星基地，基地具备原位资源利用的能力；采用地火循环轨道，在循环轨道上已布置转移飞行器，转移飞行器的推进剂由地面或在轨加注站补给。

5.2.3.1　方案一

方案一基于化学或核推进技术，地火转移从空间基地出发，根据不同推进技术选择合式或冲式轨道，具体任务剖面如下（见图 5-6）。

1）利用航班化天地往返运输系统将乘员运送至空间基地；

2）从空间基地发射地火转移级至地火转移轨道，将有效载荷送入火星轨道；

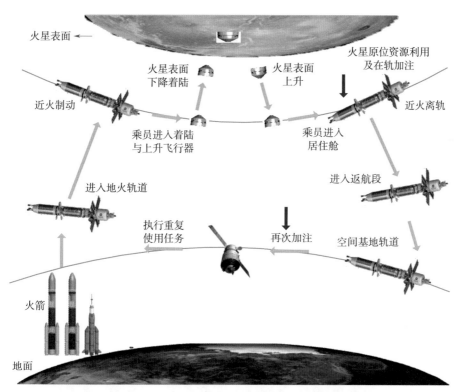

图 5-6　基于化学或核推进技术的航班化载人火星探测典型任务架构

3）地火转移级利用火星原位资源在轨加注后，返回空间基地，在空间基地再进行加注后，原位等待；乘员和相关资源返回地球；

4）再利用航班化天地往返运输系统将乘员运送至空间基地；

5）地火转移级搭载乘员和其他载荷，再次奔火，重复使用，形成航班化运营模式。

5.2.3.2 方案二

方案二为基于循环轨道的载人火星探测任务架构，地火转移从空间基地出发，任务剖面如下（见图 5-7）。

1）利用航班化天地往返运输系统将乘员运送至空间基地；

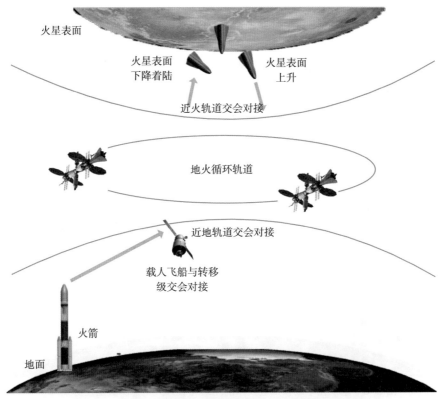

图 5-7　基于循环轨道的航班化载人火星探测典型任务架构

2）从空间基地发射地火转移级至地火循环轨道，接近火星时，将有效载荷送入火星轨道；

3）地火转移级利用火星原位资源在轨加注后，返回循环轨道，再返回空间基地，在空间基地再进行加注后，原位等待；乘员和相关资源返回地球；

4）再利用航班化天地往返运输系统将乘员运送至空间基地；

5）地火转移级搭载乘员和其他载荷，再次奔火，重复使用，形成航班化运营模式。

第 **6** 章

载人火星探测航天运输系统方案研究

由于机器人火星探测当前正在实施，航班化载人火星探测较为遥远，而第 5 章中提到的初期载人火星探测是本文重点研究对象，因此本章针对第 5 章发展路线中的初期载人火星探测任务架构进行总体方案研究。

6.1 载人火星探测航天运输系统组成分析

相对传统运载火箭，载人火星探测航天运输系统需要执行的任务复杂，涉及更多飞行段，飞行距离远，转移时间长，在轨组装次数多，新环境、新状态复杂，如表 6-1 所示。

表 6-1   载人火星探测航天运输系统与传统运载火箭特征对比

特征	地球空间运载火箭	载人火星探测航天运输系统
典型任务剖面	进入空间（一次飞行）	进入地球空间＋地球轨道组装＋地火转移＋火星着陆与上升＋火星轨道交会对接＋返回地球
飞行时间	数百到数千秒	往返需数百天
飞行距离	数百到数万千米	数千万到数亿千米
在轨交会对接	无交会对接	交会对接次数多
组成	运载火箭（含上面级）	地球发射系统（含地球轨道转移级）＋地火转移级＋火星着陆与上升器＋火星表面基础设施

载人火星探测任务复杂，一般包括地球表面发射、地球轨道组装、地火转移、火星着陆与上升、火星轨道交会对接和返回地球等。针对该复杂的任务剖面，其航天运输系统一般包含多个运载器以分阶段执行任务，主要包括地球发射系统（含轨道转移级）、地火转移级、火星着陆与上升器以及火星表面基础设施等，不同的任务剖面，具有不同的组成。

6.1.1　地球发射系统

地球发射系统是指将地火转移级、火星着陆与上升器、居住生活舱、载人飞船等空间系统送入出发点的运输系统，如运载火箭或天梯等，在天梯等革命性进出空间运载工具出现之前，运载火箭依然是必选工具，由于进入空间规模需求较大，因此最好采用具有百吨级运载能力的重型运载火箭，以减小在轨交会对接次数和任务的复杂性。

另外，根据地火转移的地球空间出发点不同，地球发射系统还可能包括轨道转移级，例如从地球高轨或地月拉格朗日点出发，一般还需要轨道转移级将载荷从近地轨道转移至出发点。

6.1.2　地火转移级

地火转移级也称星际转移级，主要是将有效载荷从地球轨道转移至火星空间，进入环火轨道或直接进入火星大气着陆，再将载荷从火星转移返回地球。在载人火星探测任务中，地火转移级是重要的组成部分，其飞行距离远、时间长，并需要在轨组装，这也是与传统地球空间航天运输以及载人月球探测最大不同之处，其总体方案和规模大小直接影响了地球发射系统的发射次数以及在轨组装的次数和难度，进而影响整个任务的难度、复杂性和可行性；其方案的选择与任务架构设计和推进技术选择等紧密相关，为了使整体任务期间乘员具备更高的安全性，一般采用人货分运的模式，这样地火转移级可分为载货型和载人型两种；采用高势能轨道出发并采用高比冲核推进技术，可以有效减小地火转移级的规模，能够有效降低整体任务的复杂性。

6.1.3　火星着陆与上升器

火星着陆与上升器主要负责环火轨道与火星表面之间人员和物资的往返运输。由于火星具有一定的大气，火星再入可充分考虑利用大气减速，这一点与月球着陆与上升不同，由于火星不具备地球上已有的跑道等基础设施，采用反推垂直着陆是较好的选择，因此着陆与上升器需具有一定升阻比的气动外形，并且通过大攻角再入的方式充分利用火星大气进行减速，在一定高度启动反推发动机，最终实现垂直着陆。温度、风场等条件不确定性较大，距离地球远，因此需要具备更强的自主进入与着陆控制能力，采用优化设计的制导律，实时解算以减少下降过程的推进剂消耗。垂直软着陆方式需要动力系统具备大范围推力调节能力，动力选择方面选择化学推进，可以根据地火转移级的动力系统选择以及原位资源利用综合考虑。

6.1.4　火星表面设施

为执行火星表面与轨道之间货物和人员的运输任务，在火星表面需要建设一些基础设施来予以保障，包括：原位资源利用设备、能源系统、着陆制导系统、发射场等。火星表面设施建设取决于任务目的和火星探测策略，设计方案取决于任务目标。如果要在同一地点降落以形成某种永久性基础结构，则需要进行多次使用设计以确保耐用性和易于维护性。如果每个任务都必须降落在不同的位置，则应将设备视为"一次性的"。

6.2　航天运输系统速度增量需求和规模分析

6.2.1　方案一

方案一为基于化学推进（以液氧甲烷推进剂为例）和气动减速的载人火星探测，探测火星任务各阶段所需速度增量和时间如表 6-2 所示，其地火转移时间可以通过提高地火转移级的转移速度来适当缩短，这样会增加系统规模和在轨加注次数。

表 6-2　方案一任务各阶段所需速度增量和时间（2033 年）

任务段	任务过程	所需速度增量 /（km/s）	所需时间 / 日
地球表面上升段	从地面到近地轨道	9.3	≥ 7
	近地轨道交会 / 在轨加注 ~6 次	0.05	
出航段	从近地轨道出发	3.8	180
	中途修正到达火星轨道气动捕获	0.1	
火星再入着陆段	气动减速	0.05	—
	再入着陆火星	0.25	—

续表

任务段	任务过程	所需速度增量 /（km/s）	所需时间 / 日
火星表面探测段	火星探测	—	视情况而定
火星表面上升段	火星表面上升至环火轨道	~4	—
归航段	从环火轨道返回近地轨道 / 返回地球	3.8/1.6	≥ 180

此项任务主要是由 1 发载人版化学推进运载器执行地球上升、地火转移以及火星上升与下降等任务，但需要货运加注版运载器进行多次的对接加注等，具体方案如表 6-3 所示。

表 6-3　方案一航天运输系统具体方案概述

项目	地球空间 （地球上升）	地火转移空间 （LEO 与 LMO）	火星空间 （火星上升与下降）
运载器	货运加注版化学推进运载器 6~10 次 载人版化学推进运载器 ×1	载人版化学推进运载器二级 ×1	载人版化学推进运载器二级 ×1
推进技术	化学推进	化学推进	化学推进
规模	货运加注版化学推进运载器：5 000 t 级 载人版化学推进运载器：5 000 t 级	载人版化学推进运载器二级：1 400 t 级	载人版化学推进运载器二级：着陆后 200 t 级（含有效载荷 100 t），原位资源利用后，满加注状态为 1 400 t 级
有效载荷	100 t	100 t	100 t
对接次数	6~10 次	—	—

6.2.2　方案二

方案二为基于核热主动力形式的载人火星探测。探测火星任务各阶段所需速度增量和时间如表 6-4 所示。

表 6-4　方案二任务各阶段所需速度增量和时间（2033 年）

任务段	任务过程	所需速度增量 / (km/s)	所需时间 / 日
地球表面上升段	从地面到近地轨道	9.3	0.2
	近地轨道交会 / 组装	0.1	3
出航段	从近地轨道出发	3.8	—
	到达环火轨道 / 火星捕获	1.8/0.02	180
火星再入着陆段	环火轨道分离	0.05	
	再入着陆火星	<4	
火星表面探测段	火星探测	—	500
火星表面上升段	火星表面上升至环火轨道	~4	
	环火轨道交会 / 组装	0.1	
归航段	从环火轨道返回近地轨道 / 返回地球	3.8/1.6	200

针对核热推进主动力形式，核动力运载器由高度 400 km 圆轨道出发，点火后进入地火转移轨道，执行近火制动进入 250 km 环火圆轨道。载货型和载人型采用不同的近火制动方式，所需速度增量如表 6-5 所示。

表 6-5　核热推进运载器所需速度增量

推进模式	人货模式	制动方式	所需速度增量 / (km/s)
核热推进	载货型	火星大气捕获	3.8
	载人型	火星反推制动 + 地球大气捕获	7.2

此方案中 2 个载货型转移级需要 6 发重型运载火箭进行地球空间的发射，在地火转移空间进行转移运输；载人型需要 3 发重型火箭和 1 发载人火箭进行地球空间的发射，在地火转移空间进行往返运输；在火星空间采用火星着陆与上升器进行运输，具体方案如表 6-6 所示。

表 6-6　方案二航天运输系统具体方案概述

项目	地球空间 （地球上升）	地火转移空间 （LEO 与 LMO）	火星空间 （火星上升与下降）
运载器	载货 - 重型运载火箭 ×6 载人 - 重型运载火箭 ×3 载人运载火箭 ×1	载货转移级 ×2 载人转移级 ×1	火星着陆与上升器 ×1
推进技术	化学推进	核热推进	化学推进
规模	重型运载火箭：4 000 t 级 载人运载火箭：千吨级	载货转移级：252.5 t （含载荷 103 t） 载人转移级：367.6 t （含载荷 65 t）	约 23 t
有效载荷	所有空间系统	火星着陆与上升器 火星表面设施 深空居住舱 载人飞船	火星表面设施 乘员等
对接次数	7	—	2

6.2.3　方案三

方案三为基于核热核电双主动力运载器的载人火星探测，探测火星任务各阶段所需速度增量和时间如表 6-7 所示。

表 6-7　方案三任务各阶段所需速度增量和时间（2033 年）

任务段	任务过程	所需速度增量 /（km/s）	所需时间 / 日
进入地火转移段	从近地轨道出发，采用核热动力进入转移轨道	≥ 3.8	—
转移段	采用核电动力进行轨道优化	0.6	126
近火制动	到达环火轨道	2.4	—
火星停留	执行具体火星探测任务	—	30
进入火地转移段	采用核热动力进入转移轨道	3.4	—
归航段	从环火轨道返回地球，采用核电动力进行轨道优化	5	208

此方案重点针对载人型进行分析，采用 3 发重型运载火箭和 1 发新一代载人火箭进行地球空间的发射，在地火转移空间进行往返运输，在火星空间采用火星着陆与上升器进行运输，具体方案如表 6-8 所示。

表 6-8 方案三航天运输系统具体方案概述

项目	地球空间 （地球上升）	地火转移空间 （LEO 与 LMO）	火星空间 （火星上升与下降）
运载器	重型运载火箭 ×3 载人运载火箭 ×1	载人转移级 ×1	火星着陆与上升器 ×1
推进技术	化学推进	核热 + 核电推进	化学推进
规模	重型运载火箭：4 000 t 级 载人运载火箭：千吨级	载人转移级：437 t （含载荷 65 t）	约 100 t
有效载荷	所有空间系统	火星着陆与上升器 火星表面设施 深空居住舱 载人飞船	火星表面设施 乘员等
对接次数	4	—	2

6.2.4 方案四

方案四为基于核电摆渡级 + 核热转移运载器接力组合的载人火星探测。根据以上任务架构方案设计，各飞行段所需速度增量和时间如表 6-9 所示。

表 6-9 方案四任务各阶段所需速度增量和时间（2033 年）

任务段	任务过程	所需速度增量 /（km/s）	所需时间 / 日
地球表面上升段	从地面到近地轨道	~9.3	—
	从地面到高轨	~13.0	—
	轨道交会 / 组装	0.1	3
地球轨道摆渡 （LEO-HEO）	近地轨道到高轨	~5.0	~180
	高轨到近地轨道	~5.0	~180
地火转移段（HEO-LMO）	HEO 出发	2.16	—
	近火制动	1.25	180~200

续表

任务段	任务过程	所需速度增量 /（km/s）	所需时间 / 日
火星再入着陆段	环火轨道分离	0.05	—
	再入着陆火星	<0.5	—
火星表面探测段	火星表面作业	—	~500
火星表面上升段	火星表面上升	~4.0	—
	环火轨道交会 / 组装	0.1	—
火地转移段（LMO– 地球）	从环火轨道返回地球	1.53	180~200

此方案在近地轨道（LEO）和高轨（HEO）之间布置核电摆渡级，用 1 次重型运载火箭进行发射，载货转移级采用 3 次重型运载火箭进行发射，载人转移级采用 2 次重型运载火箭进行发射，火星空间采用 1 个火星着陆与上升器进行运输，具体方案如表 6–10 所示。

表 6–10　方案四航天运输系统具体方案概述

项目	地球空间（地球上升）	地球空间摆渡（LEO 与 HEO）	地火转移空间（HEO 与 LMO）	火星空间（火星上升与下降）
运载器	重型运载火箭 ×7 载人运载火箭 ×1	摆渡级 ×1	载货转移级 ×1 载人转移级 ×1	火星着陆与上升器 ×1
推进技术	化学推进	电推进或核电推进	核热推进	化学推进
规模	重型运载火箭：4 000 t 级 载人运载火箭：千吨级	50~100 t	载货转移级：328 t（含载荷 206 t） 载人转移级：246 t（含载荷 65 t）	约 100 t
有效载荷	所有空间系统	载货地火转移 载人地火转移	火星着陆与上升器 火星表面设施 深空居住舱 载人飞船	火星表面设施 乘员等
对接次数	4	3	—	2

6.3 地球发射系统

（1）长征九号重型运载火箭

长征九号重型运载火箭（见图6-1）是基于先进、可靠、经济性等原则设计的三级液体运载火箭。采用10 m级箭体直径和大推力高性能液氧/烃类、液氧/液氢发动机，起飞推力约5 800 t，起飞质量约4 100 t，全箭高度约110 m。基于重型运载火箭基本型，通过选择一子级是否重复使用和拓展两级构型，可形成系列化能力，覆盖LTO运载能力35~50 t、LEO运载能力50~150 t。主要可发射地月转移轨道（LTO）、地火转移轨道（MTO）、地球同步转移轨道（GTO）航天器，承担月球探测、火星/小行星探测及大型高轨卫星发射任务，以及大规模近地轨道任务等。

图6-1 长征九号重型运载火箭

（2）空间发射系统（SLS）

SLS主要基于航天飞机基本模块，充分继承现有成熟技术，芯级直径8.4 m，采用航天飞机主发动机RS-25，捆绑2枚固体助推器，并配以低温上面级及其改进型，形成近地轨道运载能力分别为70 t、105 t、130 t的3种火箭构型。SLS可用于向近地轨道及更远的空间发射多用途载人飞行器和大型有效载荷，以满足载人登陆小行星等载人深空探测任务需求，如图6-2所示，其70 t能力的构型已于2022年11月16日成功首飞。

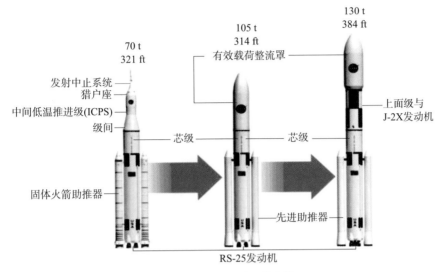

图 6-2 SLS 重型运载火箭

注：1 ft=0.304 8 m。

此外，俄罗斯也宣布研制叶尼塞重型运载火箭，采用一级半构型，近地轨道运载能力约 102 t，如图 6-3 所示。

（3）超重 - 星舰运输系统

SpaceX 的超重 - 星舰采用两级构型方案，火箭全长约 120 m，箭体直径 9 m，起飞质量 5 000 t。其完全重复使用情况下 LEO 运载能力初期将达到 100 t，随着技术改进和升级，未来运载能力将提升到 125~150 t。如果不考虑重复使用，其近地轨道运载能力将超过 200 t。一级超重安装 33 台猛禽发动机，二级星舰安装 6 台猛禽发动机，其中包括 3 台海平面版和 3 台真空版，液氧和甲

图 6-3 叶尼塞重型运载火箭

烷推进剂均采用过冷加注方式。最新状态去掉了超重的着陆支腿，通过回收支架直接抱拢，进一步减轻结构质量。该运输系统主要执行未来月球探测及火星移民任务，还可应用于超大规模卫星星座、大型航天器部署等，另外具备地球表面"点到点"人员运输的潜力，如图6-4所示。

图6-4　超重 – 星舰运输系统

（4）中国新一代载人运载火箭

中国新一代载人运载火箭为三级半构型，全长约87 m，芯级直径5 m，起飞质量2 200 t，芯一级和助推模块均为安装液氧煤油发动机的通用模块，二子级和三子级分别采用液氧煤油和液氧液氢推进剂。火箭可将70 t有效载荷送至LEO，7名航天员送入LTO，如图6-5所示。

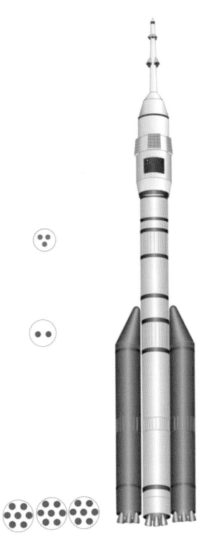

图 6-5　中国新一代载人运载火箭总体构型

　　目前世界上还有猎鹰 9 号、重型猎鹰、长征二号 F、联盟火箭具备执行载人航天发射任务的能力。其中猎鹰 9 号、长征二号 F 和联盟火箭可将航天员送入近地轨道，重型猎鹰火箭可将航天员送入奔月轨道。

6.4 地火转移级

6.4.1 总体方案

6.4.1.1 方案一

方案一与 SpaceX 所提的超重 – 星舰方案的任务剖面相似，是基于化学推进一体化运载器的航天运输系统，其中地火转移级采用化学推进一体化运载器，由两级构成，总起飞质量接近 5 000 t，总长度约 120 m，箭体直径 9 m，完全重复使用，垂直起飞，垂直降落，基础推进级返回，二级入轨，有效载荷为 100 t，采用液氧甲烷推进剂。一级长度约 70 m，两个尾翼 + 四个全动舵，基础推进级配备 34 台 200 t 级液氧甲烷发动机，二级长度约 50 m，两个前舵 + 两个后舵，配备 6 台液氧甲烷发动机，负责执行近地轨道加注、地火转移、火星着陆与上升、火地转移等任务。运载器总体参数如表 6–11 所示。

表 6–11 方案一运载器总体参数

项目	运载器一级	运载器二级
发动机数量（台）	34	6
工质	液氧甲烷	液氧甲烷
真空推力 /kN	2 000	2 000
真空比冲 /s	355	380
加注量 /t	3 300	1 200
有效载荷质量 /t	—	100
出发规模 /t	3 600	1 400

图 6-6 为基于化学推进一体化运载器构型示意图。

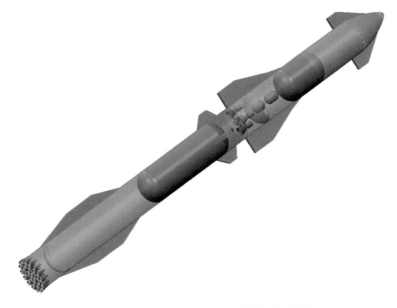

图 6-6　基于化学推进一体化运载器构型示意图

6.4.1.2　方案二

方案二是基于核热单主动力运载器的载人火星探测航天运输系统。载人型核热运载器直径设计为 9 m，总长度约 90 m，主要由一级核热推进级、两个可抛液氢贮箱以及有效载荷构成。采用 3 台 100 kN 核热发动机作为主动力。两个可抛贮箱加注液氢 132 t，在进入地火转移段后抛掉；核热推进级重约 99 t，加注 61 t 液氢，主要在近火制动和火地转移段开机工作。

载人型有效载荷共 65 t，主要为载人飞船和居住生活舱；载货型有效载荷共 103 t，主要为火星着陆与上升器等。图 6-7 为载人型核热单主动力运载器构型示意图。

图 6-7 载人型核热单主动力运载器构型示意图

载人型核热运载器起飞质量 367.6 t，液氢加注量共 193.1 t，核反应堆氢工质入口温度 100 K，出口温度 2 750 K，发动机比冲不低于 900 s。载人型核动力运载器总体参数如表 6-12 所示。

表 6-12 载人型核热推进运载器参数

项目	载人型核热推进运载器
数量	1
发动机	HR-100
发动机数量（台）	3
工质	液氢
真空推力 /kN	100
真空比冲 /s	900
加注量 /t	193
有效载荷质量 /t	65
起飞规模 /t	367.6

载货型核热推进运载器由一级核热推进级、一个液氢贮箱以及有效载荷构成，其中核热推进级由 3 台 100 kN 核热发动机作为主动力，有效载荷主要为火星着陆与上升器。火星着陆与上升器选择液氧 / 甲烷推进剂，比冲按 369 s 考虑。着陆与上升器为单级飞行器，下降级与上升级不分离，满足从环火轨道往返火星表面的需要。据此初步估算探测器总质量为 102.9 t。在环

火基建时，有效载荷可为环火空间站、加注站等。载货型核热推进运载器总体参数如表 6-13 所示。

表 6-13　载货型核热推进单主动力运载器总体参数

项目	载货型核热推进运载器
数量	2
发动机	HR-100
发动机数量（台）	3
工质	液氢
真空推力 /kN	100
真空比冲 /s	900
加注量 /t	95.9
有效载荷质量 /t	102
起飞规模 /t	252.5

根据不同的任务模式、动力方案，运载器具有不同的指标体系与相应逻辑关系。因此，梳理各个指标之间的耦合关系，明确总体与各系统之间的需求参数，有助于确立完善各部门之间的分工，实现高效合理的协同工作。

针对液氢加注量计算，除计算核热推进期间液氢作为推进工质的消耗量外，应同时考虑用于反应堆衰变冷却、在轨蒸发的液氢消耗量，对一体化能源可能产生的其他液氢非推进消耗进行评估与计算，充分分析液氢的各种用途，明确液氢加注量。

6.4.1.3　方案三

方案三采用基于核热核电双主动力运载器的载人火星探测航天运输

系统。核热核电双主动力形式载人核动力运载器直径设计为 9 m，总长度约 88 m，主要由一级核热推进级、一级贮箱、两个可抛液氢贮箱以及有效载荷构成。由 3 台 100 kN 核热发动机作为转移主动力，10 个4.5 N 氢磁等离子体电推力器作为轨道优化主动力，缩短转移时间和任务总时间。

该方案采用氢一体化设计，核热核电推进共用核反应堆，利用核反应堆的热能直接加热液氢作为核热推进主动力，同时采用推力室夹套后的气氢作为自生增压的气体来源，辅助动力同时采用气氢液氧推力器，有效利用了蒸发的气氢，如图 6-8 所示。

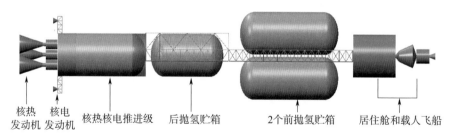

核热　核电　　核热核电推进级　后抛氢贮箱　　　2个前抛氢贮箱　　　居住舱和载人飞船
发动机　发动机

图 6-8　核热核电双主动力运载器总体构型示意图

整个核热核电双主动力运载器液氢加注量为 293 t，两个前抛氢贮箱加注液氢 165 t，在进入地火转移段后抛掉；后抛氢贮箱加注液氢 59 t，在进入环火轨道后可抛掉；核热核电推进级加注 69 t 液氢，主要用于火地转移段和轨道优化段。

核热推进采用 3 台 100 kN、900 s 比冲的核热发动机，核电推进采用10 个 4.5 N、比冲 5 000 s 的电推力器，总起飞质量为 437 t，其中包含 65 t有效载荷，可用于载人火星探测，将去程飞行时间从 180 天缩短至 126 天，如表 6-14 所示。

表 6–14　核热核电双主动力运载器总体参数

项目	核热核电双主动力运载器
数量	1
核热 / 核电工质	液氢
核热发动机真空推力 /kN	3×100
核热发动机真空比冲 /s	900
核热发动机单台秒耗量 / (t/s)	0.011
核热液氢加注量 /t	278
核热发动机工作时间 /s	8 175
核电发动机真空推力 /N	10×4.5
核电液氢加注量 /t	15.2
有效载荷质量 /t	65
起飞规模 /t	437

6.4.1.4　方案四

方案四采用基于核电摆渡级 + 核热转移运载器接力组合的载人火星探测航天运输系统。核热核电组合形式，主要采用核热推进单主动力运载器进行地火转移、火地转移的滑行以及环火工作，核电推进摆渡运载器进行近地从低轨到高轨的往返运输。核电推进摆渡运载器与核热推进运载器组合体的初步构型如图 6–9 所示。

核电推进摆渡运载器质量为 97.7 t，液氢加注量为 43 t，可将 328 t 的载货型核热推进运载器从近地轨道运送至高轨，往返飞行时间为 176 天，总体参数如表 6–15 所示。

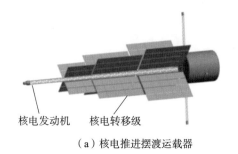

核电发动机　核电转移级

（a）核电推进摆渡运载器

核热发动机　转移运载器(载人)　深空居住舱　载人飞船

（b）核热推进运载器

图 6-9　核电推进摆渡运载器与核热推进运载器总体构型示意图

表 6-15　核电推进摆渡运载器总体参数

项目	核电推进摆渡运载器
数量	1
发动机	HD
发动机数量（台）	10
工质	液氙
真空推力 /N	15
真空比冲 /s	5 000
加注量 /t	43
运载器质量 /t	97.7
有效载荷质量 /t	328.3
起飞质量 /t	426

通过此形式运输的载货型核热推进运载器质量达 328 t（含 206 t 有效载荷），载人型核热推进运载器质量达 246 t（含 65 t 有效载荷），总体参数如表 6-16 和表 6-17 所示。

表 6-16　载货型核热推进运载器总体参数

项目	载货型核热推进运载器
数量	1
发动机	HR-100
发动机数量（台）	3
工质	液氢
真空推力 /kN	100
真空比冲 /s	900
单台秒耗量 /（t/s）	0.011
加注量 /t	179
运载器质量 /t	122.3
有效载荷质量 /t	206
起飞质量 /t	328.3

表 6-17　载人型核热推进运载器总体参数

项目	载人型核热推进运载器
数量	1
发动机	HR-100
发动机数量（台）	3
工质	液氢
真空推力 /kN	100
真空比冲 /s	900
单台秒耗量 /（t/s）	0.011
加注量 /t	109
运载器质量 /t	181
有效载荷质量 /t	65
起飞质量 /t	246

6.4.1.5 小结

根据以上总体方案分析，初步对不同的方案进行对比分析，如表 6-18 所示。

表 6-18　不同的动力运载器形式对比分析

核动力运载器形式	化学推进	核热推进（载人型）	核热核电双模式推进	核热核电接力	
				核电推进摆渡级	核热推进运载器
有效载荷 /t	100	65	65	246~328	65
轨道出发规模 /t	1 400	368	437	426	246
地火出发轨道	LEO	LEO	LEO	LEO-HEO	HEO
地火转移时间 / 日	240~360	380	335	380	
整个任务时间 / 日	≥ 300	~900	365	~900	
优点	推进技术成熟度高	系统简单	转移和任务时间较短	近地安全性较高，地火转移规模小	
缺点	在轨加注次数多，直接进入火星技术难度大	转移时间较长	系统较复杂，火星任务时间短	近地空间任务复杂，转移时间较长	

6.4.2　分系统方案

分系统模块划分如表 6-19 所示。

表 6-19　分系统模块划分

序号	分系统
1	动力系统

续表

序号	分系统
2	低温推进剂贮存与管理系统
3	热控系统
4	结构系统
5	控制系统
6	电气系统
7	辐射屏蔽系统

6.4.2.1　动力系统

（1）化学火箭发动机

化学火箭发动机采用液氧甲烷推进剂，为提升发动机性能，从而降低系统规模，可采用全流量补燃循环。与航天飞机主发动机 SSME 所采用的富燃补燃循环不同，全流量补燃循环中所有流量的燃料和氧化剂经过泵以后全部进入预燃室；其中大部分流量的燃料和小部分流量的氧化剂输送到富燃预燃室中进行燃烧，产生富燃燃气用来驱动高压燃料涡轮；剩余的大部分流量的氧化剂和小部分流量的燃料输送到富氧预燃室中进行燃烧，产生富氧燃气用来驱动氧化剂涡轮；然后从涡轮里排出的富燃燃气和富氧燃气喷入主燃烧室进行补燃。如图 6-10 所示的发动机系统显示了这两种循环方式在推进剂流量分配上的差别。富燃补燃循环系统有两个富燃预燃室，而全流量补燃循环系统则有一个富燃预燃室和一个富氧预燃室。富燃补燃循环系统有一部分推进剂不驱动涡轮而直接进入推力室燃烧，而全流量补燃循环系统中所有的推进剂都用来驱动涡轮再补燃；全流量补燃循环发动机具有高性能、高可靠性、低维修费用的特点。SpaceX 的猛禽发动机即采用全流量补燃循环，其主要性能参数如表 6-20 所示。

载人火星探测航天运输系统

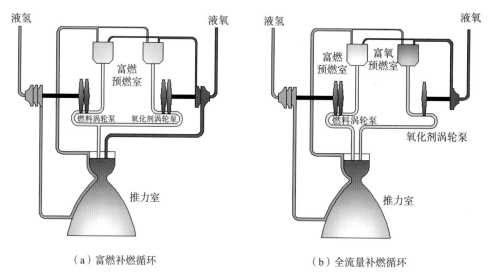

（a）富燃补燃循环　　　（b）全流量补燃循环

图 6-10　富燃补燃及全流量补燃循环示意图

表 6-20　猛禽发动机主要性能参数

参数	数值
真空推力 /kN	1 993
真空比冲 /s	380
燃烧室压力 /MPa	30

（2）核热火箭发动机

① 方案概述

与传统化学动力发动机不同，核热发动机没有两组元的化学反应，仅依靠反应堆产生的热量加热单一工质实现气体膨胀，进而产生推力。因此，其动力系统与传统动力系统有很大不同。

核热发动机采用膨胀循环，主要组件包括：涡轮泵、氢输送管路、推力室、喷管延伸段、反应堆等。为提升闭式膨胀循环中的涡轮前入口温度，采用带驱动单元的金属陶瓷（CERMET）堆芯方案和发动机改进式高性能闭式膨胀

198

循环系统方案。

基于典型 CERMET 堆芯的发动机系统循环方案中，反应堆类型的选择对于系统循环方案的设计有直接影响。核热火箭发动机采用技术相对成熟的固相堆，按中子能谱和燃料与慢化剂的排布方式，核热火箭发动机反应堆大体分为两种：快堆和热堆。经比较分析，认为基于快堆的核热火箭发动机具有高比冲（高室温）和高推重比的优点，最终反应堆堆型选择基于 CERMET 燃料元件的快堆。

基于带驱动元件 CERMET 堆芯的高性能系统循环方案中，为提升闭式膨胀循环中的涡轮前入口温度，拟采用带驱动单元的 CERMET 堆芯方案和发动机改进式高性能闭式膨胀循环系统方案。带驱动元件 CERMET 堆芯见图 6-11 右侧的基于 GE-711 堆芯设计，驱动元件截面亦呈六边形，外廓尺寸与燃料元件相同，位于堆芯边缘紧挨燃料元件，通过核裂变产生的热量加热氢。一般而言，驱动单元仅需几根至十几根，即可满足涡轮前入口温度要求。

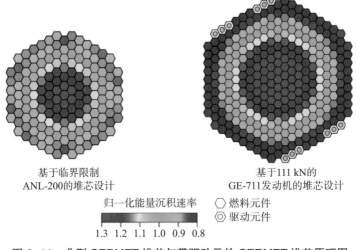

基于临界限制
ANL-200 的堆芯设计

基于 111 kN 的
GE-711 发动机的堆芯设计

归一化能量沉积速率

⬡ 燃料元件
◎ 驱动元件

1.3　1.2　1.1　1.0　0.9　0.8

图 6-11　典型 CERMET 堆芯与带驱动元件 CERMET 堆芯原理图

针对基于带驱动元件堆芯的核热火箭发动机设计了三种闭式膨胀循环方案：气分流－涡轮前汇聚方案、液分流－堆芯头腔汇聚方案和液分流－涡轮前汇聚方案，三种系统方案的原理如图 6-12 所示。

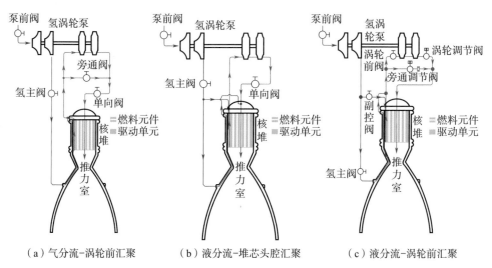

（a）气分流-涡轮前汇聚　　（b）液分流-堆芯头腔汇聚　　（c）液分流-涡轮前汇聚

图 6-12　三种闭式膨胀循环方案原理图

对三种方案进行简要的工程可行性分析，液分流－涡轮前汇聚方案兼具了前两种方案的优点：1）分流时氢介质的状态为液态，流量易于控制；2）进入涡轮的气氢具有大流量和温度适中的特点，且氢涡轮的设计难度适中。同时，液分流－涡轮前汇聚方案的堆芯结构相较气分流－涡轮前汇聚方案更为简单，便于工程实现。最终确定了反应堆采用带驱动元件的 CERMET 堆芯，系统方案采用"液分流－涡轮前汇聚"方式的闭式膨胀循环方案。

② 发动机启动方案

发动机的工质为氢，采用闭式膨胀循环方案，膨胀循环发动机具有自身启动能力，发动机的启动方式为自身启动。

发动机启动过程需要通过同时控制核裂变反应速率、涡轮工质流量、反应堆工质流量等参数,以保证涡轮转速、室温和室压等参数按照一定规律上升。在调节过程中既要保证反应堆的热功率上升速率不高于其最高能力,又要保证涡轮转速、室温和室压等参数在设计时间内达到额定工况,同时在整个启动过程中反应堆内燃料元件不能超温,否则将损坏燃料元件。为保证启动过程的平稳,应尽量减小重要系统参数突升和突降带来的数据尖峰。

发动机关机过程需同步调节氢流经涡轮和反应堆的工质流量,既要保证涡轮泵能够平稳降速,又要保证反应堆燃料元件不超温,同时在涡轮泵停转后,应保持长时间、小流量工质对反应堆的冷却。

因此,核热发动机与氢氧发动机不同,其启动和关机的动态过程中需要不断调整工质流量和反应堆释热,即反应堆和发动机系统需进行不断配合。NERVA 发动机系统中设置了很多阀门,除反应堆调节子系统外,发动机中起调节功能的就是电动调节阀,在涡轮后和涡轮旁通路分别设置电动调节阀,涡轮旁通路的电动调节阀主要在发动机启动阶段起作用,涡轮后电动调节阀主要在发动机关机阶段起作用。

③ 反应堆换热方案

反应堆换热单元由三部分组成:支撑管、燃料单元和侧反射层冷却通道。支撑管内氢采用双向流动方式进行对流换热,燃料单元内氢采用自上而下流动方式进行对流换热,侧反射层冷却通道的氢喷管出口采用反向流动进行对流换热。

④ 推力室再生冷却身部方案

流经推力室再生冷却通道吸热后的氢是驱动涡轮泵能量的来源之一。在满足发动机性能和工作寿命的条件下,希望氢再生冷却身部的温升尽量高而流阻尽量小。目前膨胀循环发动机主要采用两种再生冷却方案:一种是铜合金内壁铣槽结构;另一种是管束式。

⑤ 涡轮泵方案

液体火箭发动机涡轮泵主要有同轴涡轮泵、齿轮传动涡轮泵和双涡轮泵三种结构方案。核热发动机仅有一种工质，因此选择同轴涡轮泵方案。

⑥ 增压输送方案

增压输送系统是动力系统的重要组成部分，用于发动机工作期间，为液氢贮箱提供一定范围内的压力，以保证液氢在进入涡轮泵时具有安全合理的压力，避免发生气蚀问题导致发动机工作失效。相对于传统化学推进，以载人探火为任务背景的核运载器，在贮箱增压方面设计时需考虑以下两点。

1）从任务需求来说，液氢加注量大，发动机多次工作间隔时间长，对于长期在轨贮存的液氢工质，其贮箱气枕温度、压力始终维持在较低的饱和状态，为保证多次启动发动机工作前较大体积气枕的压力迅速上升到指定指标，需要增压系统进行大流量快速补压。

2）从核热推进特点来说，动力系统仅使用一种推进剂，发动机启动关机时间长，长期处于低工况工作状态：反应堆启动和停堆是一个缓慢的过程，发动机将在小流量低工况的情况下工作较长时间。不同于传统增压系统仅需满足稳定工作段的增压需求，核运载器贮箱增压系统需同时考虑启动补压段、低工况工作段、稳定工作段的增压流量需求。

针对采用泵压式发动机的运载器，贮箱增压系统一般分为气瓶贮气增压系统、推进剂汽化增压系统（自生增压）、燃气降温增压系统三种。针对三种不同的增压模式，结合载人探火核运载器开展适应性分析，选择合适的增压模式。

气瓶贮气增压系统是将增压气体贮存在高压气瓶中，降到所要求的压力后进入贮箱。对于气瓶增压方案，若使用初压为 23 MPa、末压为 4 MPa 的冷氦气瓶，将使得运载器总质量增加 30 t 以上，气瓶增压方案质量、规模代

价过大，难以实现应用。同时由于核热推进没有化学燃烧过程，故没有燃气产生，因而无法采用燃气增压系统。

目前国内外普遍采用自生增压作为氢氧火箭液氢贮箱的增压方案。自生增压，即推进剂汽化增压方式，需要将部分气氢从动力系统管路中抽出，经降温、降压后，返回贮箱进行增压。表 6-21 给出了在三种增压温度下，发动机完成三次工作预估所需的增压气体用量。

表 6-21　自生增压方案参数估计

项目	参数		
增压温度 /K	90	100	120
气氢密度 /（kg/m³）	0.945	0.849	0.706
增压气体用量 /kg	2 835	2 547	2 118

相对于气瓶增压方案，自生增压方案无须增加额外的气瓶，且氢气的摩尔质量最低，使得自生增压具有明显的质量优势。同时高温气氢可以直接从发动机合适部件处引出，无须额外的气体加热装置，可以有效降低系统复杂程度，提升可靠性，如表 6-22 所示。

表 6-22　不同增压方案对比

系统	气体来源	系统复杂性	系统质量
气瓶增压	一般为氦气或者氮气，贮存在高压气瓶中	系统较复杂，需要配置贮存增压气体的高压气瓶	增压气瓶质量较大，增压气体质量相对较大
自生增压	贮存在贮箱中的液氢汽化而成	系统简单，但发动机需要引出气氢	无须额外增加贮存系统，增压气体质量轻，系统质量最小
燃气增压	核发动机不产生燃气，难以适用	系统简单，但发动机需要增加降温器	—

根据对比分析，选择自生增压作为贮箱增压基本方案。

与运载火箭不同，核运载器液氢工质长期在轨处于饱和状态，对于大气枕状态的启动阶段贮箱补压，由于需要大量增压气体供应贮箱，使用气瓶增压显然会大幅增加运载器整体质量。

同时由于核运载器反应堆特性，在核热发动机工作前，核反应堆需要较长时间用于起堆与升温。根据初步方案设计，发动机工作前需有约持续数百秒的小流量液氢供应，以保证反应堆功率提升期间的冷却以及发动机预冷。使用冷却反应堆后的气氢返回贮箱用于贮箱补压，既可以替代补压用气瓶增压系统，也可以充分利用启动前冷却液氢，实现推进剂高效利用。

为节省增压气体用量，提升增压控制精细化设计水平，同时提升可靠性与多工况适应能力，需开展增压控制方案设计，并明确增压流量控制方案与不同增压支路的工作区间。

目前贮箱增压方案多采用压力传感器与电磁阀组合的增压控制方式。压力传感器在增压期间实时检测贮箱压力并与额定压力控制带宽进行比对，确定增压路电磁阀的通断。这类增压控制方式系统可靠，可以实时控制贮箱压力在给定控制带宽内波动，适应性较强，能够快速调整增压气体流量，并具备一定冗余设计。

除压力传感器与电磁阀组合的控制方式之外，还有压力信号器与电磁阀组合、减压器与压力调节器组合控制方案用于天顶号火箭、长三甲系列等火箭的增压系统上。三种不同闭式增压方式对比分析结果如表6-23所示。出于核热发动机工况多变、增压流量调节幅度大、可能需要多个压力控制带组合调节的要求，选择压力传感器与电磁阀组合的增压控制可以更好地满足核运载器的特殊需求。

表 6-23　贮箱增压流量控制方案对比

增压控制方式	压力传感器与电磁阀组合	压力信号器与电磁阀组合	减压器与压力调节器组合
基本原理	压力传感器实时测量压力值，将压力信号转化为控制指令控制电磁阀	机械式压力信号器敏感贮箱压力，通过信号器触点通断控制电磁阀	通过压调器敏感贮箱压力，调节压调器开度控制流量
压力控制适应性	较好，单个传感器可满足多组电磁阀信号接收的要求	较差，对于不同压力控制带需配套不同压力信号器	较好，可以实现稳定压力控制
流量调节能力	可以实现多路增压路电磁阀开闭，控制逻辑灵活、精度高	较差，流量调节能力单一、控制模式单一	控制精度略差、动态特性差
压力控制带设置	压力控制带设置灵活	压力控制带设置受限	稳定在控制点增压
与核运载器贮箱增压适配性	较好，可以满足不同工况增压控制的要求	较差，难以满足低流量状态增压控制的要求	较差，工况转化期间难以快速响应调节

目前多数增压系统仅需满足发动机稳定工作段的增压需要，此工况下增压需求流量稳定，一般通过两路增压路配合即可完成增压压力的控制调节。两路增压路分别为主增压路与调节路，并分别由两个电磁阀控制管路通断。主增压路提供增压期间主要增压流量且略小于平均增压流量；调节路提供较小的增压流量，与主增压路同时工作时，总流量略大于平均增压流量。同时调节路电磁阀通过开闭调节增压流量，实现贮箱压力稳定在压力控制带内。

由于核热运载器具有增压流量变化范围大、低工况状态持续时间长的特点，传统"主增压路常开＋辅增压路调节"的控制方案难以实现核运载器多工况稳定可靠增压，需针对低工况状态额外设置一增压路，同时起到冗余备保的作用。因此，核运载器增压系统将采用主增压路＋辅增压路＋调节路三路增压，配合压力传感器控制电磁阀实现流量控制的自生增压方案。

（3）核电发动机

核电推进系统由空间核反应堆、热电转换系统、热排放系统、电源管理和分配系统、电推进系统构成。热电转换系统的冷却工质通过反应堆冷却通道与反应堆充分换热并驱动涡轮发电，多余的热量由热排放系统以辐射方式散出。产生的电量通过管理分配，加压提供给大功率电推力器。不同电推力器性能比较如表 6-24 所示。

表 6-24 不同电推力器性能比较

类型	推力范围 /mN	比冲 /（m/s）	推力器效率 /（%）	单位推力所耗功率 /（W/mN）
电阻（加热）	200~300	2 000	65~90	0.5~6
电弧（加热）	200~1 000	4 000~10 000	30~50	2~3
离子发动机等离子体	0.01~200	15 000~50 000	60~80	10~70
固体脉冲等离子体（PPT）	0.05~10	6 000~20 000	10	10~50
磁等离子体动力发动机（MPDT）	0.001~2 000	20 000~50 000	30~50	100
稳态等离子体发动机（Hall）	0.01~2 000	15 000~20 000	30~50	100
可变比冲磁等离子体电推进（VASIMR）	10~1 000 000	100 000~300 000	50~90	50~150

① 核热核电双主动力形式下的核电推进方案

对于核热核电双主动力形式方案，使用贮箱中的氢工质，配合双主动力形式反应堆提供的电能，为大功率电推力器提供推进剂与电能。借助电推力器极高的比冲，在地火往返阶段为载人运载器提供额外的速度增量，实现更短时长的任务周期。

分别对氢电弧加热推力器与氢磁等离子体推力器性能进行计算。和电弧加热推力器方案相比，采用磁等离子体推力器，所需电推力器个数少，工作时间短，推进剂消耗量少，系统消耗总功率大，但系统功率提高带来的结构质量的增加，没有使起飞质量大幅增加。

② 核热核电组合形式下核电推进方案

在核热核电组合形式下，利用大功率核电推进摆渡运载器，将货运飞船、尚未载人的运载器提升至 HEO（高势能轨道），之后使用核热发动机完成地火转移等任务。由于核电推进摆渡运载器单独使用，因此可以使用包括氢在内的多种工质，实现空间高效推进。

核电推进摆渡运载器采用可变比冲磁等离子体（VASIMR）电推力器，根据其工质的不同，其推力与比冲变化也较大，表 6-25 展示了不同功率、工质下的电推力器典型工况。

表 6-25　不同功率、工质下的电推力器典型工况

100 kWe 级电推系统	推力 /N	比冲 /s
氢 H_2	0.5	30 000
氩 Ar	3	4 200
氪 Kr	3.5	3 500
MWe 级电推系统	推力 /N	比冲 /s
氢 H_2	5	30 000
氩 Ar	30	5 000
氪 Kr	35	4 200

VASIMR 由三部分组成，一个位于前部的等离子体注入器使中性气体电离、一个位于中央的功率放大器为等离子体提供能量，以及一个后部的磁喷嘴把等离子体最终喷射到空间中。

可采用液氪作为推进工质，液氪密度高（2 400 kg/m³）、贮存相对简单（120 K），相较于氢氧推进剂更适合长期在轨贮存，同时氪成本相对较低，更易大规模生产与供应，是未来大规模低成本空间运输的理想工质之一。

同时根据任务模式、时间需求，并考虑未来技术发展，其动力系统均有多种方案可供选择，其中核热核电双模式发动机动力系统也可以成为未来载人火星探测可行动力方案之一。

（4）姿轨控动力系统

由于电推力器推力小，系统质量大，难以满足大质量运载器的姿轨控需求。因此利用贮箱蒸发氢或液氢，结合少量液氧供应氢氧推力器，可以满足高比冲的大推力姿轨控推力器需求。

通过收集来自贮箱的蒸发气氢，既可以充分利用氢工质，同时又简化了液氢的增压系统，利用高压气氢的压力实现推进剂增压，进一步降低辅助动力系统（见图 6-13）质量。氢氧推力器比冲可达 400 s 以上，高于常规姿轨控动力系统，可以有效降低姿轨控推进剂消耗。

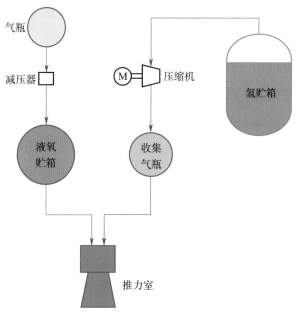

图 6-13　采用气氢/液氧推进剂的辅助动力系统示意图

不同混合比情况下，发动机比冲不同，在燃烧室压力为 1 MPa，喷管扩张比为 150 的条件下，气氢/液氧发动机比冲随混合比变化情况如图 6-14 所示，混合比为 4.5 时，发动机比冲最高为 486.69 s。

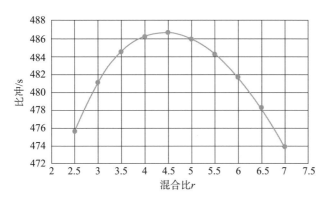

图 6-14　气氢 / 液氧发动机比冲随混合比变化曲线

6.4.2.2　低温推进剂贮存与管理系统

载人探火运载器无论采用传统化学推进还是核推进，通常都需要液氢等低温推进剂。液氢贮存温度极低（20 K），由于贮箱漏热的存在，其蒸发损耗难以避免。随着载人火星探测任务的进行，液氢系统在轨运行周期将达到900 天。因此，采用先进的主、被动热管理技术减少液氢的蒸发损耗对空间运输技术的发展具有举足轻重的作用。

为实现液氢最小蒸发损耗，可以采用基于逆布雷顿制冷＋大面积冷屏＋复合绝热结构的主被动结合方案。主动制冷系统通过循环回路将冷量源源不断地扩散到贮箱表面的复合绝热结构中，使得绝大部分漏热被制冷系统带走，从而大幅减少液氢贮箱漏热，实现液氢准零蒸发。在地火转移过程中，为减少进入液氢贮箱的外热流，可采用运载器对日定向的姿态飞行。同时，探索采用太阳遮挡屏的技术实现可行性，以进一步减少贮箱外热流。

低温推进剂蒸发量控制主要技术途径包括被动热控技术、无夹液排气技术、主动制冷技术和排气再利用技术。被动热控技术包括泡沫隔热材料（解决发射准备段和上升段隔热问题）、多层隔热材料（传统多层、变密度多层，用于真空隔热）、蒸气冷却屏（余冷再利用）、连接支撑隔热结构（减少导热漏热）、太阳遮挡屏（减少太阳辐射）、流体混合技术（消除热分层）、飞行姿态控制（减少表面投入辐射量）。无夹液排气技术包括沉底直接排气技术（沉底发动机需消耗额外推进剂）、主动热力学排气技术（基于循环泵驱动的 TVS 技术）、被动热力学排气技术（仅依靠内外压差驱动流体，没有喷射混合作用，节流冷却后直接与液体或箱体壁面进行换热）。主动制冷技术包括直接冷却气氢、直接冷却液氢和冷却复合绝热层三种方案，但大功率深低温区空间制冷机规模较大，不适用于短时间在轨运载器。

推进剂管理系统可以采用以下被动或主动蒸发量控制方案。

（1）轻质大面积冷屏与复合绝热结构一体化隔热技术

轻质大面积冷屏与复合绝热结构一体化隔热技术可以采用掺杂中空玻璃微球的复合泡沫方案、变密度多层隔热材料方案以及耦合大面积冷屏的复合隔热方案。

掺杂中空玻璃微球的复合泡沫方案：中空玻璃微球添加后与泡沫孔形成大小单元，中空玻璃微球直径与泡孔结构直径之比约为 1:10~1:20。根据泡孔结构的完整性可以推断，玻璃小球较紧密地夹在相邻两层泡孔壁之间，形成新的空腔结构。

变密度多层隔热材料方案：对于低温贮箱而言，当温度比较高或者在绝热材料的高温段，辐射热流占了总热流的绝大部分；相对地，固体导热、气体导热以及气体对流换热则可以忽略不计。而当温度比较低或者在绝热材料的低温段（靠近低温液体的一侧），相邻防辐射屏之间的固体导热所占的比例会明显增大。这一特征说明，合理地配置多层隔热材料的层密度，可以有效提高多层隔热材料的整体绝热性能，即可在辐射占主要部分的高温段采用较高的层密度以减少辐射热流，同时在固体导热作用开始显现的低温段采用较低的层密度，在高温段和低温段之间采用中密度层进行过渡。

耦合大面积冷屏的复合隔热方案：在多层隔热材料中嵌入冷屏可显著减少漏热。例如，在 MLI 中嵌入 90 K 冷屏，进入液氢贮箱的漏热可减少90%。考虑到过冷加注的液氧贮箱具有丰富的显冷量，可以充分利用过冷氧蓄冷量，为氢箱复合绝热层提供冷屏。以氦气为循环工质，从液氧箱取冷，用以冷却液氢贮箱复合绝热层。

（2）先进热力学排气技术

当外部漏热时，箱内低温流体温度会持续升高。当流体温度达到其增压压力对应的饱和温度时，低温推进剂开始蒸发，导致箱内压力增加。为了实现低温贮箱在轨安全运行，可通过排出部分气体来降低贮箱压力。微重力条件下，低温贮箱在轨运行时，液体表面张力以及壁面粘附力逐渐突显出来，箱内气液相界面位置更加难以确定，经常存在气液混合现象，这就导致排气阀位置设置存在很大困难。再者，低温流体受热不均，会引起箱内流体的热分层，造成箱内推进剂的局部蒸发，增加了蒸发量控制的难度。微重力下，虽然液体浮力以及对流显著减弱，但非均匀热源、热瞬态响应仍然能够产生严重的热分层，造成箱内流体的大量蒸发，箱内压力的持续升高，这些都给低温流体热管理带来了很多难题。热力学排气系统兼具喷射混合和压力控制的双重功能，是解决微重力环境下无夹液排气难题的关键方案。

热力学排气技术基本原理：低温贮箱内部流体通过节流装置（J-T 阀）后其温度降低。过冷的液体通过热交换器，与贮箱内流体进行换热，从而阻止了热负荷的产生。由于热传递，两相流交换器内部冷流体开始蒸发，蒸发的气体被排出。

热力学排气系统（TVS）（见图 6-15）本质上为开环制冷系统，热力学排气分为主动热力学排气和被动热力学排气。

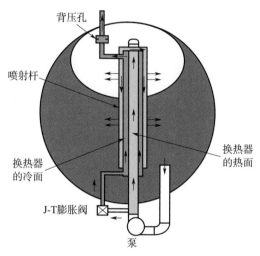

背压孔

喷射杆

换热器
的冷面

换热器
的热面

J-T膨胀阀

泵

图 6-15　热力学排气系统示意图

　　被动热力学排气系统由焦汤膨胀器、热交换器和控制阀元件组成。其工作原理为：利用液体获取装置，以低流率从贮箱液池抽取液体，液体经过焦汤膨胀器等熵膨胀后成为温度和压力降低的两相流。该两相流导入与贮箱内液池或贮箱壁（热）连通的热交换器，温度较高的液池或贮箱壁热量通过热交换器转移到两相流中，使其全部成为蒸气，并被排放出贮存系统，对液池液体产生制冷效应，贮箱压力降低。被动 TVS 具有可以分散布置热交换器的灵活性。热交换器的冷端为低流率膨胀流体，当热端为贮箱壁时可以以截断漏热进入贮箱的方式工作；当热端为液池液体时可以以移出液池液体热量的方式工作，并且可以与主动 TVS 兼容。

　　主动热力学排气系统由焦汤膨胀器、低温泵、热交换器和控制阀元件组成，其工作原理与被动热力学排气系统类似，主要的差别在于热交换器的独特结构和热交换过程的加强。主动 TVS 采用紧致热交换器冷却液池液体，用低温泵在热交换器内产生液池液体的强迫对流，提高热交换效率。热交换器冷端仍然为从贮箱供应的通过焦汤膨胀器膨胀的流体，该膨胀流体进行完

热交换后被排放掉；而热交换器热端为通过泵强迫流动的液池液体，该强
迫流动液体经过热交换后返回贮箱液池。

被动、主动或者主被动组合的热力学排气技术是在微重力条件下通过排
气而控制贮箱压力的有效技术，适用于长期贮存系统。

（3）低温推进剂深度过冷技术

低温推进剂深度过冷对提升低温液体火箭运载能力、延长低温加注后等
待时间、延长深空探测任务时间等具有显著优势。通过低温推进剂深度过冷
研究，获得密度、低温热容较现有饱和态低温推进剂有显著性能提升的过冷
态的低温推进剂产品，可解决低温推进剂密度小、易蒸发的问题，进一步提
高现役或在研运载火箭运载能力。液氧深度过冷后，依靠其自身蓄冷量（显
冷）可显著提升其在轨贮存能力。深度过冷液氧制备装置为三层真空容器，
从外至内依次为真空夹层、液氮或液氧、液氧。该装置通过对液氮或液氧进
行抽空减压，使得过冷液氮或过冷液氧温度低于 63.36 K，过冷液氮或过冷
液氧通过贮箱壁面对内层液氧进行换热冷却，进而实现对液氧的深度过冷，
从而制备出深度过冷氧。

（4）微重力低温推进剂管理技术

由于液氢等低温推进剂极易蒸发的特性，在贮箱中同时存在着液体和气
体两相状态。而在微重力条件下提供持续稳定的单相液氢，是满足发动机在
轨点火、推进剂在轨增压和传输等需求的首要前提。目前的在轨气液分离技
术中表面张力式气液分离技术充分利用了在微重力下起主导作用的表面张力，
不消耗多余能量，能够无间断地对气液相进行定位分离，具有显著优势。

此外，推进剂管理还可以采用集成流体（IVF）系统方案（见图 6-16），
对在轨蒸发的氢氧低温推进剂加以利用，实现发电、姿控、轨控及增压等功能，
替代传统的蓄电池、姿轨控用肼类推进剂及增压气瓶等部件，减轻系统质量，
从而提高载人探火运载器的综合能力。

　　低温推进剂集成流体系统是集发电、辅助动力和增压等功能于一体的系统，利用贮箱在轨蒸发的氢气供给内燃机进行持续燃烧并带动发电机进行发电，联合小型充电式锂电池提供运载器电气设备及集成流体系统所需的电力；利用小型液氢液氧活塞泵抽取液氢和液氧，通过换热器与内燃机进行换热并汽化，收集于小型氢氧气瓶，供给姿轨控、沉底和增压，氧气瓶中的气氧供给内燃机燃烧。

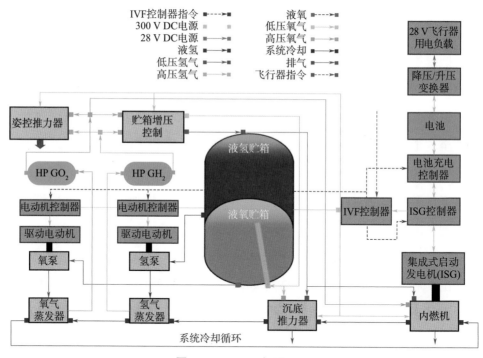

图 6-16　IVF 运行原理图

　　IVF 系统主要由 3 个子系统构成：末端执行子系统、发电子系统、补给子系统。其中末端执行子系统（见图 6-17）包括推力器、增压系统，以实现姿轨控、沉底、增压等功能；发电子系统（见图 6-18）包括内燃机、发电机及控制器、小型电池等，实现发电功能；补给子系统（见图 6-19）包括液氢液氧泵、氢氧换热器及氢氧气瓶等，以支撑其他各子系统工作。

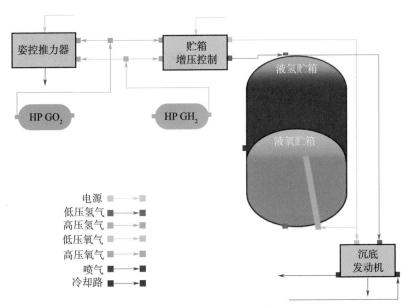

图 6-17　末端执行子系统

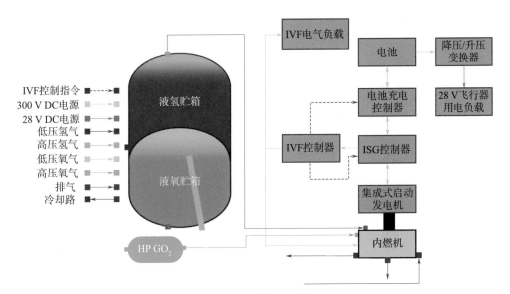

图 6-18　发电子系统

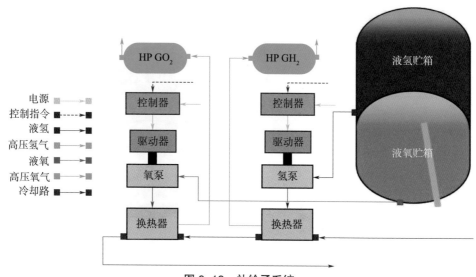

图 6-19 补给子系统

在末端执行子系统中，采用多次启动小型气氢气氧推力器满足姿控及轨道维持和沉底需求，末端执行子系统采用的推进剂来源于气瓶中的气氢气氧，在气瓶气量不足时采用实时抽取后换热的气氢气氧。增压系统采用集成流体系统实现增压。

发电子系统包括内燃机、集成式发电机、控制器和电池等。低压氢气和低压氧气以适当的混合比进入内燃机，内燃机燃烧输出驱动集成式发电机发电，发电机输出用于飞行器设备和 IVF 供电，控制器用于内燃机和发电机参数采集和控制，电源控制器用于电池的充放电控制。内燃机采用循环冷却方式，再循环冷却剂释放的热量供其他系统使用。锂电池用于发电子系统的启动、启动前飞行器供电和极端工况时补充供电。IVF 控制器用于对整个 IVF 系统进行时序控制、状态检测。

补给子系统包括液氢/液氧泵、氢氧换热器和高压气瓶等。氢氧泵采用低温活塞泵，由变速无刷直流电机驱动。由于氢氧泵的入口流量范围较宽，且扬程高，通过对比最终选择适用于高压、小流量的往复式活塞泵作为系统中的低温泵。活塞泵靠活塞往复运动，使得泵腔工作容积周期变化，实现吸入和排出液体。活塞泵由泵缸、活塞、进出阀门、进出管、连杆和传动装置组成，靠动力带动活塞在泵缸内作往复运动，采用循环氟化油冷却剂通过与内燃机排放的燃气或身部进行换热可以提供很大的热量，先对液氢换热，后对液氧换热。通过旁路设计精确控制换热器换热量及气氢气氧温度；在无法满足换热器持续加热的情况下，可采用电加热器加热循环油。气瓶采用复合材料气瓶，发射前充满气瓶并将其携带至飞行器。当气瓶使用后压力下降时，系统将开启泵进行补给。通过改变泵的质量流量，并结合换热冷却系统，保持气瓶内压力和温度稳定。需对贮箱蒸发排气进行增压时，可采用压缩机将气体充入储气气瓶。由于排气量较小，且收集气瓶压力较高，选用活塞式压缩机，该活塞式压缩机具有能耗低、适应性强、灵活性大等优点，未来可考虑该压缩机与活塞泵的融合式设计，进一步降低质量。

6.4.2.3　热控系统

载人火星探测任务的空间转移时间可达 900 天，长时间严峻的空间交变热环境，对热控系统提出了不同于以往航天器的更高要求。热控设计必须满足相关技术要求，为仪器设备提供良好的温度环境，保证各个组件、仪器设备正常工作。热控系统应当具有以下功能特征：

1）对来自外部环境的热流吸收和向深冷空间的热流排放进行控制；

2）实现电气设备热流的收集、扩散和传输，控制热流传输的路径和方向；

3）控制电气设备的温度范围、温度差、温度梯度、温度稳定度、温度均匀度。

特别地，对于核电推进运载器或核热核电双模式核运载器，采用热电转换装置，提供运载器仪器设备所需的电力。核热发电模式的引入为热控系统设计带来了新的影响。一方面，需要利用热控系统对热电转换装置产生的热量进行转移和排散；另一方面，由于双模式核运载器具有比较充足的电力供应，可以在热控方案设计中更多地使用主动热控手段。

仪器舱热控系统通过控制内外热交换过程，采取必要的热控制措施，保证全任务流程内仪器设备及相关结构部件均能在规定的温度环境下。仪器舱热控系统采用主动 + 被动相结合的热控方案，实现仪器舱内外界的热量交换和平衡。主动热控子系统基本方案为：利用电控部分的监控反馈和控制，依靠冷板和单相流体回路等设备实现仪器舱内热量的收集和传输，并依靠辐射器，实现过剩热量的排散；利用热控单元、测温点等电控部分实现整个主动热控的检测，并及时对相关功能模块进行调节。单相流体回路包括泵阀组件、补偿器、储液器、管路、压力及压差传感器、工质等。热控系统液体回路选用宽温区全氟环醚 FY77 作为工质，通过 PID 控制实现回路内的工质温度稳定在设计温度范围内。图 6-20 为高精度单相回路热控系统原理图。

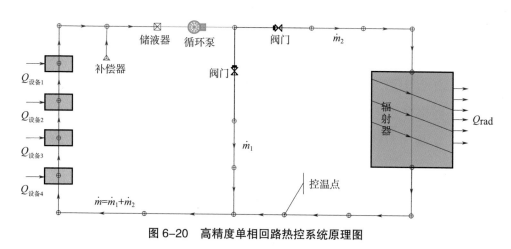

图 6-20　高精度单相回路热控系统原理图

核反应堆工作过程中产生的热量主要被液氢吸收，堆芯及温度较高的结构被冷却,同时液氢被加热并做功产生推力。因此,热排散任务主要面向热电转换过程产生的废热。针对大功率核电源系统产生的大量废热,主要采用"高效高温换热器＋电磁泵驱镓铟合金液态金属散热回路＋轻质高效高温热管辐射器"的轻质高效散热解决方案,如图 6-21 所示。通过高效高温换热器将未能转换为电能的多余核废热传递给液态金属散热回路,电磁泵驱液态金属散热回路是核电源转换系统和辐射散热器之间的热传输桥梁,主要用于将 75% 的废热及时地传输至辐射器进行高效热排散。为减轻辐射器质量,辐射器采用一种轻质高温高效热管辐射器,辐射器内采用长距离热管方案,两块辐射器面板之间采用柔性热关节方案。

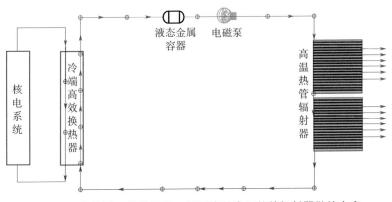

图 6-21　换热器＋散热回路＋轻质高效高温热管辐射器散热方案

6.4.2.4　结构系统

核动力运载器结构系统主要包括氢箱和仪器舱,以及为支撑较大尺寸的贮箱而设计的桁架结构。核动力运载器氢箱采用增强环氧树脂基复合材料体系,纤维材料则选用高强中模纤维,复合材料贮箱主要结构形式为整体铺放成型的复合材料箱体以及前后底、箱筒段及前后短壳。由于核动力运载器的总体规模较大,在空间运行时,为保证飞行器的整体刚度,减小空间弹性振动，需要设计用于贮箱安置的桁架结构，起到贮箱固定、增加运载器刚度的作用。

贮箱桁架采用铝合金材料，圆管结构，整体采用刚度设计，具体尺寸根据运载器基频要求及桁架强度要求确定。贮箱桁架由弧架部分和直架部分组成，轴向力主要由直架部分传递，横向刚度主要由弧架部分提供。贮箱桁架拟随贮箱分两部分发射入轨，在轨进行组装，如图 6-22 所示。

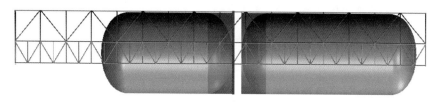

图 6-22　桁架随贮箱分段发射入轨示意图

核运载器在轨组装对接机构拟选用三叉型对接机构方案。带桁架的部段作为追踪部段，在桁架上设置对接结构用于与对接机构的连接，三叉型对接机构设置在另一部段上。对接时三叉型对接机构与设置在桁架上的对接结构连接锁紧，完成对接。为提高连接刚度，可沿桁架周向设置 3 套或以上对接装置。对接中要求追踪部段机动到制导捕获包络线的区域内，然后位置保持，一直到三叉型机构启动，并把两部段连接在一起。

贮箱与桁架的连接位置位于贮箱前后短壳上，两短壳通过连接解锁装置和滑轨 – 卡箍与桁架连接，如图 6-23 所示。

分离系统由连接解锁装置、分离冲量装置、火工品引爆装置组成。为了保证分离过程中贮箱结构不与桁架发生碰撞，在桁架上装有导向滑轨，贮箱上装有沿着滑轨滑动的卡箍。

仪器舱采用外桁式薄壁铆接的半硬壳结构，仪器设备安装板采用碳面板 + 铝蜂窝的夹层结构，底部通过支撑结构与仪器舱蒙皮连接。

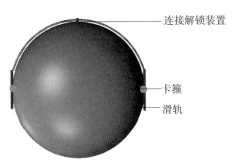

连接解锁装置

卡箍

滑轨

图 6-23　贮箱与桁架连接位置

6.4.2.5　控制系统

核动力运载器控制系统主要实现运输系统姿态稳定与控制、导航与轨道机动等功能。

核动力运载器导航装置包括绝对导航敏感器及相对导航敏感器等。绝对导航敏感器主要包括惯性测量组合、卫星导航接收机、星敏感器、地面测控定位设备和脉冲星导航敏感器等。相对导航敏感器用于交会对接，包括微波雷达、激光雷达和光学相机等。

核动力运载器采用标称轨迹跟踪的制导方案，并辅以多次中途修正。具体而言，以地火转移轨道中途点为修正关机点，将环火轨道制动段分为两个阶段，第一阶段采用跟踪方法进行制导，第二阶段进行轨道圆化。

核动力运载器采用不同推力形式的姿控和轨控发动机，实现姿态调整与轨道机动，如图 6-24 所示。

核动力运载器规模大，核热发动机后效时间长，且不同飞行状态控制难度不同。因此，选择三种执行机构针对不同飞行状态实施控制。主发开启阶段，使用摆动主发动机进行制导指令的跟踪；主发关闭但存在后效的阶段，借助 RCS 发动机进行姿态的稳定；主发后效结束后的奔火期间，使用控制力矩陀螺进行运载器的姿态控制。另外，RCS 也参与控制力矩陀螺的角动量卸载以及全程的备份控制。

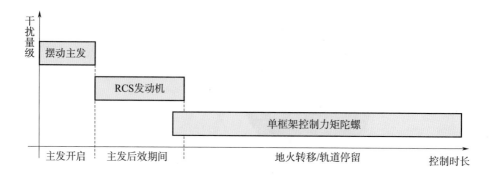

图 6-24 控制系统方案示意

每台主发动机配置 2 个液压摆动伺服作动器，分别用于俯仰和偏航控制。

对于长寿命、高精度、能够快速姿态机动的空间运载器来说，在轨道上正常运行时，普遍采用控制力矩陀螺系统作为姿态控制的执行机构。在选择控制力矩陀螺时，一般需要最大角动量大于一个轨道周期内所累积的角动量。对于核动力运载器，深空飞行、环火期间的姿态控制是其主要工作，航天员的舱内行动是主要干扰来源。

核动力运载器任务复杂，包括各部段交会对接、轨道转移期间的姿态控制，以及火星轨道的姿态稳定，这些对控制系统提出了较高的要求。综合考虑各飞行段控制需求、姿态控制与振动抑制的相互影响、推力器优化配置、主发动机后效影响消除等因素，配备多个 RCS 进行组合控制，既满足各段交会时各自的六自由度控制需要，又能够在成为组合体时减小 RCS 开机对结构振动的影响，同时冗余配置结合推力器分配优化方法以节省燃料消耗。RCS主要开启时间为主发关机后存在明显后效的 1 h 内，还可以为控制力矩陀螺提供角动量的卸载。

6.4.2.6 电气系统

电气系统由控制系统、测控通信系统、供配电系统和信息综合管理系统

4 个分系统组成，负责控制综合、通信、供配电、信息综合管理（健康管理、时间管理等）等功能的实现。采用基于时间触发（TTE）总线的分布式综合模块化架构，采用模块化、综合化、网络化、开放式设计，具备冗余容错、异构功能。

电气系统以 TTE 总线拓扑架构设计，各系统电气设备采用四台交换机（每台交换机为双冗余配置）互联形成骨干总线网络。采用基于 TTE 总线的分布式综合模块化架构、标准的软硬件模块、交换网络和分区实时操作系统，在全局时钟下对整个系统计算资源进行优化和动态重构，实现处理器、内存和传感器接口等异构计算资源共享，在发生硬件故障时，可以对系统进行重构，即将功能重新划分至安全的模块。

（1）测控通信系统

测控通信系统由 X 频段双向通信链路和 UHF 频段双向通信链路组成，X 频段通信链路直接对地模式，用于飞行阶段直接与地球深空站通信，接收地球遥控指令，完成测距、测速、测角等导航定位任务，同时向地球发送各类工程遥测参数。UHF 通信链路用于地火转移级与着陆器或轨道器之间通信。测控通信系统包括射频天线单元与综合基带两部分，综合基带部分负责实现各类信号的生成、编码、调制、发射以及接收、解调、解码等功能，同时还通过总线与信息综合管理系统交互信息，是测控通信系统的核心，X 频段具有高增益和低增益两组天线，根据通信需求进行切换，也可互为备份，UHF 频段包含一组全向偶极子天线。

（2）供配电系统

供配电系统负责为运载器各级系统和设备提供能量，确保运载器能够正常工作。由于火星距离地球较远，很难实现能源的及时补给，多依靠载人火星探测器自带能源。蓄电池由于自身储能限制无法实现长时间持续供电。而在深空环境下，太阳能电源的光照条件不足，使用受到限制。为确保核动力运载器获得长时间可靠性高的能源，拟采用具有大功率、长寿命、体积小及环境适应性强特点的核热源作为系统能量来源；采用布雷顿循环发电机实现热能 - 电能转换。

（3）信息综合管理系统

信息综合管理系统主要完成总线控制、时间管理、指令管理、数据管理、数据采集及存储、数据综合、健康管理、故障诊断、内务管理等工作，为有效载荷预留接口，进行数据信息交互。信息综合管理系统主要由信息综合系统管理计算机、TTE 交换机、各类传感及采编、主干网等组成。信息综合系统管理计算机是核运载器的核心管理设备，主要包括：时间管理模块、任务管理模块、总线控制模块、健康管理模块、数据综合处理模块以及附加功能模块等。每个模块均能独立实现相应的系统功能，并采用冗余热备的模式，确保系统的可靠性。

6.4.2.7 辐射屏蔽系统

对于航天员来说，辐射有三个主要来源，首先是太阳高能粒子辐射，其次是银河宇宙射线辐射，最后是核反应堆的辐射。合理的屏蔽方案可以将核热火箭发动机对航天员的辐射剂量降低到大约总辐射剂量的 5%~10%。

由于核热火箭发动机开机时间很短，长周期来看大约每年一次，共三次，因此一个合理的设想是将核屏蔽材料尽量布置在载人舱内，使这些材料在核热推进停机期间也可以用于屏蔽宇宙射线。但是载人舱截面直径较大，不可能全部加装很厚的屏蔽材料，否则屏蔽系统的质量将过大，所以设置一个相对较小的屏蔽舱室，用于短时间内躲避核热火箭发动机和偶尔的太阳风暴的辐射。

内屏蔽中子屏蔽材料选择富集的碳化硼，相同厚度下，B-10 高富集度的碳化硼拥有几乎最好的中子屏蔽能力，而且熔点高，结构稳定性好，能够有效吸收热中子，减少中子与重屏蔽材料产生的高能量 γ 射线。内屏蔽材料中的 γ 屏蔽材料选择钨铼合金和贫铀。释热率较高或中子注量率较高的地方采用钨铼合金。钨铼合金不仅 γ 屏蔽效果好，而且能通过非弹性散射有效慢化高能中子，并且是良好的高温结构材料。贫铀屏蔽 γ 的能力比钨更好，但会引起中子注量率升高，一般用在释热率相对较低的位置。反应堆屏蔽体外形与货运飞船反应堆屏蔽体类似。钨铼合金以片状的形式与碳化硼叠放堆积在反应堆内筒体正上方，贫铀像帽子一样套在碳化硼屏蔽材料上方。活性区正上方为氧化铍反射层，氧化铍上方覆盖碳化硼，可以吸收慢化后的中子，降低靠近堆芯上方的钨铼合金结构材料与中子反应释放的 γ 量。

在核热火箭发动机与仪表舱之间有液氢推进剂。液氢可以非常高效地屏蔽中子，大约 1 m 厚的液氢可以将中子注量率降低约 2 个数量级。只有在液氢即将耗尽的最后几十秒内中子注量率才达到可观的水平。另外，由于粒子注量与距离平方成反比，当反应性控制驱动机构满足剂量限值时，即便没有液氢的阻挡，仪表舱的中子积分注量已经接近满足要求，考虑到液氢对中子的阻挡，实际的中子积分注量远低于限值水平。

最终建议选择的载人舱屏蔽方案如图 6-25 所示，将两种屏蔽方案设想相结合，以兼顾屏蔽系统质量、航天员舒适性、工作时间等因素。小的屏蔽舱同时也是多用途飞船和载人转移舱之间的连接通道。屏蔽舱外围设置备用水箱，保证在最后一次核热火箭发动机启动时有至少 200 kg 的备用水。这些水用于阻挡飞船壳体和内部设备散射过来的中子，如果没有水箱，这些散射中子造成的辐照剂量会占到总剂量的绝大部分。屏蔽舱面向核热推进一侧布置含铅和硼的聚乙烯复合材料，如果有多余的备用水，也可以在核热推进启动前临时放置在这里。在生活舱面向核热推进一侧，也布置一些含铅聚乙烯材料，用以减少核热推进停机后衰变 γ 对航天员的辐射剂量。

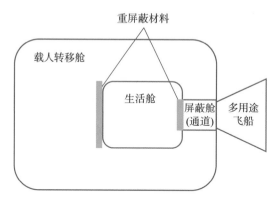

图 6-25　载人舱屏蔽方案

双层舱体的设计也可以提高长期载人深空宇航的安全性和可靠性。生活舱可以作为一个独立单元运作，当航天器外壳受到微流星体损伤时，生活舱仍可保持密封。较小的生活舱也可提高对太阳宇宙线的屏蔽能力，当核反应堆衰变 γ 辐射减弱后，可以将可拆卸的含铅聚乙烯材料从原来的位置拆下，并适当地挂在生活舱屏蔽薄弱的地方，这样可以有效降低航天员全周期中受到太阳宇宙线的辐射剂量。

6.5　火星着陆与上升器

火星着陆与上升器在载人火星探测中扮演着非常重要的角色，作为从环火轨道到火星表面往返运输的关键工具，应具有完全重复使用的特点，满足未来航班化运输需求。

目前主要有 NASA 的 DRA 5.0 架构、洛克希德·马丁公司的火星营地（Mars Base Camp）、SpaceX 的星舰等方案可供参考。

（1）DRA 5.0 的着陆 / 上升器[39]

NASA 的 DRA 5.0 架构中的进入、下降和着陆（Entry，Descent and

Landing，EDL）系统是基于直径 10 m、长 30 m 的发射整流罩／再入气动热防护罩两用结构进行开发的，并采用了周期为 1 个火星日的参考火星轨道（250 km×33 813 km）。EDL 系统设计可用于货舱和居住舱着陆器，这些着陆器通过气动力捕获来进入火星轨道，而载人火星转移飞行器则使用推进系统来进入火星轨道。在利用气动力捕获的情况下，气动力捕获阶段和 EDL 阶段使用了相同的气动热防护罩，同时还需要额外的热防护系统来适应气动力捕获机动过程中的热环境。伪制导方法将提供真实的再入剖面，该剖面会使末端下降段推进剂需求和热防护系统质量最小，并最终使飞行器着陆在火星轨道器激光测高计参考高度为 0 km 处。研究中考虑了几种 EDL 构型，这些构型包含一个纯推进再入单元，而并未选用气动力辅助单元，这是因为有效载荷要求有大的在轨／着陆质量分数（约为 8）。超声速气动力减速装置也被用于下降段，包括降落伞和充气式气动设备，但是研究中系统所需要的性能和质量模型还不足够精确。基于参考数据的性能和质量外插过于庞大，因此这种方法不能作为权衡空间的可用选项。未来这些系统的模型迫切需要进行改进，以增强结果的可信度，并提升 EDL 系统的性能和可靠性。最终选择的参考 EDL 构型应该是一个采用中升阻比气动热防护罩的高超声速气动力辅助再入系统，该热防护罩在低超声速马赫数下弹出。离轨机动采用了一套液氧／甲烷推进系统，该系统也可用于再入阶段反作用姿态控制以及末端的下降和着陆。

气动力捕获和再入热防护罩结构质量估算借鉴了重型运载火箭整流罩的研究成果。两用的发射整流罩／EDL 系统既可用于运载火箭整流罩，也可用于 EDL 结构单元。初始系统性能特征的建模采用了椭圆／双锥形状，未来也会对三锥形等其他形状加以研究。气动力捕获和 EDL 气动热防护罩结构质量估算是以与重型运载火箭整流罩尺寸相当的质量分析为基础，并保留了50%的余量用于考虑再入和下降过程中所受的横向载荷，以及热防护系统附加质量和热返浸等。热防护系统分析研究工作是由参与猎户座/乘员探索飞行器（CEV）热防护系统先进开发项目的人员来实施的。研究中采用了NASA的CBAERO工具来分析火星气动力捕获和再入过程中所面临的气动热环境，并针对火星的大气模型进行了修正。CBAERO代码数据库是基于DPLR代码中一个高逼真度、真实气体计算流体力学方法的稀疏集来开发的，并结合逐行辐射加热代码NEQAIR来对对流和辐射加热方案进行预测。每种方法都包含了全表面的气动热环境，涵盖表面压力、温度、剪切效应以及非耦合对流、辐射加热。尽管这些代码代表了当前的最高水平，但在对大尺度再入飞行器环境的理解上仍存在很多不确定性。为了考虑这些气动热环境的不确定性，研究中设置了一些余量。图6-26展示了符合设计要求的飞行器标称任务最大表面加热率的分布，其中左图是气动力捕获阶段的分布情况，右图为再入阶段的分布情况。再入阶段的加热分布与入轨方式无关，不管入轨是采用气动力捕获还是推进装置。气动热防护罩前底的热防护材料选用了酚醛浸渍碳烧蚀材料（PICA）和LI-2200。PICA是LEO和月球返回任务中猎户座/CEV烧蚀材料的方案之一，能够适应气动力捕获阶段所经历的高加热率环境（462 W/cm²）。在热环境不那么恶劣的背风面，则选用了航天飞机热防护系统的材料，包括LI-900和毡式可重复使用表面绝热层（FRSI）。

基于前期大型着陆器的研究成果，下降级发动机采用了RL10改进型。由于液氧液氢的RL10并不能很好地模拟作为设计基线的液氧甲烷发动机，还可将RD-180改进型列入候选方案。推重比计算中发动机的质量包括所有相关的涡轮泵和发动机安装前的连接件，但不包括补压气体和贮箱到发动机的传输管路质量。

气动力捕获阶段

再入阶段

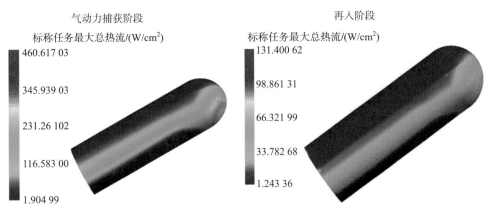

标称任务最大总热流/(W/cm²)

标称任务最大总热流/(W/cm²)

图 6-26　气动力捕获和再入阶段的分布加热率

下降级干重是基于约翰逊航天中心 Envision 质量估算与仿真项目建立的质量特性模型进行计算的。下降级是一个采用纯推进系统、腿式着陆的概念飞行器，动力系统为 4 台泵压式液氧甲烷发动机，比冲 369 s，发动机混合比 3.5，燃烧室压力 4.2 MPa，喷管面积比 200:1。飞行器配有一个直径 10 m 的气动热防护罩。下降级推力结构需要能够承受下降机动过程中的最大载荷，以及不包含有效载荷情况下的系统推重比，并假定气动热防护罩在末端下降发动机点火前分离。另外，下降级贮箱的大小还需要考虑离轨所用的推进剂量。在气动热防护罩弹出后，为了使热防护罩碎片不影响高价值设备附近的表面，下降级执行了"转向机动"，因此还需要为末端下降推进剂预算预留一定的余量。EDL 质量特性见表 6-26，系统特性见表 6-27。

表 6-26　EDL 质量特性　　　　　　　　　　（单位：t）

参数	数值
轨道质量	110.2
离轨用推进剂	0.5
再入质量	109.7
气动热防护罩	22.5
热防护系统	18.2

续表

参数	数值
RCS 干重	1.0
RCS 推进剂	1.2
末端下降用推进剂	10.1
着陆质量	56.8
下降级干重	16.4
有效载荷质量	40.4

表 6-27　EDL 系统特性

参数	数值
离轨用 ΔV / （m/s）	15
弹道系数 / （kg/m^2）	471
下降用 ΔV / （m/s）	595
最大加热率 / （W/cm^2）	131
总热载 / （MJ/m^2）	172
发动机点火高度 /m	1 350
发动机点火马赫数	2.29
飞行时间 /s	486
常值加速度飞行时间 /s	134
发动机推重比 / （N/kg）	161

　　DRA 5.0 研究中所用的火星上升级可以运送 6 名乘员往返于火星表面和火星转移飞行器之间（火星转移飞行器在表面探索任务期间一直停泊在火星轨道）。由于原位资源利用技术可以生产上升级所用的氧化剂，火星上升级可以在乘员到达之前布置在火星表面。只有当确认上升级注满推进剂后乘员才可以乘坐地火转移飞行器飞往火星。对于 DRA 5.0 任务来说，约翰逊航天中心的 Envision 参数工具可用于估算着陆器尺寸，该着陆器在子系统层面与 1999 年双着陆器研究中的着陆器非常相似。这种飞行器是一个两级的上升级，第二级配置一台泵压式液氧甲烷发动机，第一级 / 下降级配置四台，液态甲

烷是从地球带过来的，液氧是由原位资源利用技术产生的，这将使着陆的质量大大减轻，并显著减小近地轨道初始入轨质量。分析结果表明上升级质量大约为 21.5 t，其中包含从地球带来的液态甲烷。上升级所用的泵压式液氧甲烷发动机推力为 133.5 kN，燃烧室压力为 6.2 MPa，喷管面积比为 200∶1。

（2）洛克希德·马丁公司火星着陆与上升器

洛克希德·马丁公司的火星着陆与上升器（Mars Ascent/Descent Vehicle，MADV）是一个单级可重复使用的火星着陆器（见图 6-27），采用液氢液氧推进剂，支持在火星表面加注，并重复往返于火星表面和环火轨道空间站（火星大本营）。

图 6-27　洛克希德·马丁公司的 MADV

此着陆器干质量 30 t，可载 80 t 液态氧和氢形式的推进剂。它有 6 个 RL-10 等效引擎。MADV 的低温推进段和火星大本营有很多共同点。顶部的压力舱包含与猎户号飞船相同的许多内部组件，包括航空电子设备、控制和显示系统、生命支持系统以及其他乘员系统。其合金外壳为在火星大气层中的多次再入和上升提供了持久的保护。着陆器能够在火星高空轨道之外操作，并配备随时中止系统。

MADV 具有单级入轨、重复使用、升力体外形等特点，它允许 4 名航天员在火星地表执行 2 周考察任务。为确保航天员不会被困在火星地面上，每次任务将派出两艘飞船登陆。这种单级着陆器在下落中将主要利用气动力来减速，余下的着陆和飞返火星轨道工作则由液氢/液氧发动机来完成。着陆器将在火星空间站上加注液氢燃料，而这些液氢来自空间站的燃料制造"工厂"，它用太阳能将水分解为氢和氧，因此被称为水动力着陆器。这些水最初可能得从地球运去，未来可以到小行星或月球阴影区域获取，或者直接在火星上制取，以降低火星任务的成本。

火星大本营不但可以探索火卫一和火卫二这样的低重力物体，还可以探索整个火星，并计划 2028 年的轨道飞行任务为未来人类登陆火星提供宝贵的数据，NASA 和它的国际合作伙伴将利用这些数据选择最佳的着陆点来寻找生命迹象，为航天员/科学家提供最直接的指引，进一步了解火星的起源。

（3）SpaceX 星舰

SpaceX 的星舰（见图 6-28）采用气动捕获方式直接进入火星大气，进入速度为 7.5~8.5 km/s，并利用发动机推力进行最终减速，实现在火星表面软着陆。其采用液氧甲烷推进剂，在经过火星原位资源利用后，装满推进剂的星舰起飞并通过火地转移轨道直接返回，以第二宇宙速度再入地球，经过气动减速后，软着陆完成载人或载货运输，从而实现完全可重复使用。

图 6–28　SpaceX 的星舰

星舰采用全不锈钢外壳，全长 50 m，直径 9 m，具有两个前鳍 + 两个后鳍，尾部安装 6 台猛禽发动机，其中包括 3 台海平面版和 3 台真空版，真空比冲 380 s。可携带 100 t 有效载荷前往火星，地球出发总质量约为 1 400 t，其中包含过冷加注的液氧甲烷推进剂 1 200 t。迎风面一侧表面贴附防热瓦，通过气动减速进入火星大气或再入地球大气，利用高精度导航制导与控制技术实现垂直着陆。配备 6 个向内翻折式着陆支腿，以满足火星及地球表面不同地形的着陆需求。

无论是洛克希德·马丁公司还是 SpaceX 的方案，都可能会用到原位资源利用技术，NASA 提出的 DRA 5.0 架构也有类似方案，采用气动减速方式进入火星大气，并通过原位资源利用工厂生产上升飞行器所需的推进剂，这些都可以作为我们未来火星探测方案参考的案例。

由于火星具有一定的大气，虽然比地球稀薄，但火星进入可充分考虑利用大气减速，由于火星不具备地球上已有的各类飞机跑道，因此采用反推着陆是较好的选择，这样降低了对着陆场地的要求；因此着陆与上升飞行器需具有一定升阻比的气动外形，并且通过大攻角再入的方式充分利用火星大气进行减速，在一定高度启动反推发动机，最终实现垂直着陆。温度、风场等条件不确定性较大，此外受到地火时延限制，地面无法实时干预，因此飞行器需要建立姿态和导航基准，实施基于反推发动机的减速控制，具备更强的自主进入与着陆控制能力，采用优化设计的制导律，实时解算以减少下降过程的推进剂消耗。垂直软着陆方式产生了对动力系统大范围变推力调节的需求，而有限的推进剂携带量以及单级着陆与上升的运输模式对原位资源利用提出需求。

随着科学技术不断发展和日趋成熟，未来火星着陆与上升飞行器将朝着一体化方向发展，任务模式和方案更加追求单级起降任务模式，更加利于完全重复使用和航班化运输，提升效率。虽然火星大气较为稀薄，但再入热环境依然是重点考虑之一，热防护技术方面仍然面临风险和挑战。单级飞行器将对结构系数提出更为苛刻的要求，轻质化需求将进一步提升，需要考虑采用更多的轻质结构材料。可通过总体一体化优化设计，有效兼顾结构质量、热防护材料、气动外形设计等因素。推进剂选择方面则可以根据星际转移运载器的动力系统的配置综合考虑。此外建立一个火星轨道空间站，将更有利于对整个任务的有效支持，满足未来更大规模的任务需求。

6.6　火星表面设施

载人火星探测需要将多种设备携带到火星表面，因此有必要开展火星表面设施研究。典型的火星表面设施应包括居住环境、工作间、温室、原位资源利用工厂、能源系统、着陆制导系统、移动火星车等。

火星表面设施建设取决于任务目的和火星探测策略，设计方案取决于任务目标。如果要在同一地点降落以形成某种永久性基础结构，则需要进行多次设计以确保耐用性和易于维护性。如果每个任务都必须降落在不同的位置，则应将设备视为"一次性的"。

即使像 SpaceX 的星舰，火星表面运载能力达到 100 t，也无法仅单次任务就完成所有必需设备的运输，那样既昂贵又不可行。SpaceX 首先执行 2 次货运任务，确认水资源存在情况并识别风险危害，然后为未来飞行放置能源开采和生命保障设施。随后利用 2 次载人运输附加 2 次货运带来更多的仪器和保障设施，比如使用火星起重机和工程机器人来建立初步的返程推进剂生产线和扩张准备用的基地等。基地和推进剂生产线的能源可由小型核反应堆和太阳能电池板阵列供应。下面重点介绍 3 种典型的火星表面设施。

（1）能源系统

除生命支持系统外，ISRU、移动火星车、科学设备以及所有其他设备都需要大量能量。本质上主要有两种选择：太阳能或核电站。太阳能系统必须由展开阵列以及用于储能的电池或再生燃料电池组成，而另一种选择是裂变反应堆。

必须使用超大型太阳能电池阵列的原因有：1）火星与太阳的距离远；2）保持太阳能电池板始终朝向太阳存在困难；3）需要 24 h 不间断的能量供应，应结合相关能量存储设备的所需效率来考虑；4）在沙尘暴期间提供能量的必要性以及太阳能电池板性能随时间的推移而退化。

如果要运行 ISRU、温室和包括移动火星车在内的设备，太阳能发电系统存在能源供给的局限性。与太阳能电池板相比，核电可确保连续供电，核电站对灰尘的耐受性更高。

除此之外，还有火星风力资源的利用，主要是通过风能转换系统将部分移动大气粒子的动能转化为电能、热能或机械能。利用空气动力升力或利用空气阻力，实现风能向机械能或动能的转换，进而可通过风电机组实现机械能向电能的转换。火星上每天和每个季节的可用风能很难准确预测，因此如果发电装置输出功率随季节和日变化较大，就需要风能发电系统有大量储能的能力。火星风能还可通过多种方式转换为机械能，以支持人类未来的火星探测活动。

在火星探测的初步阶段，可利用火星风能转换为机械能的装置如火星直升机等，对火星表面开展地形地貌、资源环境的调查与勘测；在火星基地建设的早期，宜采用技术相对成熟、材料可从地球运送的小型风机，结合太阳能发电装置，为基地建设提供能源；在火星基地建设完成后，可因地制宜，利用火星表面的矿产资源制造大型风力发电设备，为火星基地的长期运转提供可持续的能源[94]。

（2）ISRU 工厂

原位资源可能成为维持人类在火星上执行任务的关键因素。ISRU 技术是通过勘测、获取和利用地外天体的天然或废弃资源，使人类真正走出地球、迈向深空并可持续发展的过程中必不可少的基础之一。利用该技术，未来航天员可以在地外天体利用当地资源矿产制造推进剂、水、氧气、结构部件或其他物品，增强空间自给自足能力，减少对地球供给的依赖，从而使得地外天体的 ISRU 和地外天体基地的建设成为可能。

　　ISRU 工厂需要参与完成四方面的工作：1）通过无人探测任务来确定可利用资源，完成对目的地勘测、勘探和测绘；2）对原始资源进行采集和预处理，实现资源获取；3）将原始资源转化为推进剂、能源、生命保障等消耗品，完成加工和生产；4）拥有支持原位资源利用的工厂和设备，实现产品制造与基地设施安置。区别于月球 ISRU，火星大气中存在大量二氧化碳资源，可充分利用，具体方式包括：固态氧化物电解、逆水 – 气变换反应、Sabatier 反应以及综合利用。因此火星 ISRU 主要包括多种策略 [81-95]：1）携带 H_2 并利用火星大气中的 CO_2 生产 CH_4 和 O_2；2）携带 CH_4 并利用火星大气中的 CO_2 产生 O_2；3）利用火星大气中的 CO_2 和火星水冰来生产 CH_4 和 O_2。

　　ISRU 设备将在乘组人员抵达之前降落在火星上，它将处理大气中的 CO_2 以提取航天员所需的 O_2 和返回飞船使用的氧化剂。该技术将使用逆水煤气变换（RWGS）产生 O_2，并使用 Sabatier 循环产生 CH_4。

　　（3）工作间、温室

　　尽管停留时间的长短不同，但是航天员必须能够修理重要的设备。他们将需要一个专门设计的加压区域居住环境，在该区域可能会存在故障设备。

　　增材制造可以消除或减少对备件和维修的依赖。一台增材制造机器应该能够生产各种设备的所有备件。必须设计协调以节省质量，从本地可用的原料开始，或者至少通过回收废料开始。也可以从地球输送设计更新以制造改进的组件。

　　进行实验和种植食物的温室将改善人员的饮食条件，从而改善人员的生理和心理健康状况，同时还简化与运送物资有关的后勤问题。实现粮食独立技术是实现永久性火星基地目标的重要里程碑之一。未来的地形改造项目也将需要这些类型的设备。

　　显然，本节所述的内容更适合多次火星探测任务。如果总体探测策略是基于对不同地点的任务，则所提及的设备将减少到最低限度。但是，如果计划将多次任务降落在同一地点，则携带的设备会在火星上积累，形成不断扩大的前哨基地。

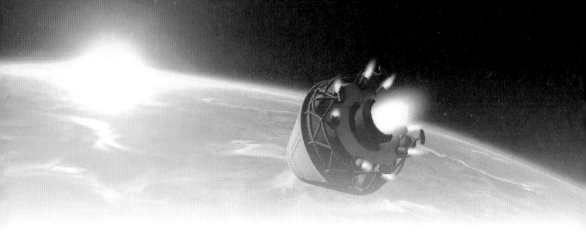

第**7**章

关键技术分析

7.1　载人火星探测航天运输系统总体设计技术

　　载人火星探测任务过程复杂，其整体架构设计是影响整体任务执行的重要因素，需要进行针对性优化设计；相对传统运载火箭，载人火星探测航天运输系统需要多个运载器实现接力飞行，飞行距离远，转移时间长，在轨组装次数多，新环境、新状态复杂，在总体方案、轨道设计、低温推进剂贮存与管理以及在轨组装等方面带来新的挑战。

7.1.1　载人火星探测架构设计技术

　　载人火星探测任务是复杂的大型系统工程，需要多个飞行器进行接力飞行，包含运载火箭、推进级、地火转移运载器（以下简称转移运载器）、火星着陆与上升器等多个运载器，同时需要开展多次近地及环火交会对接。探测架构是载人火星探测任务的顶层设计规划，因此需要重点针对探测任务探测架构设计，进行载人火星探测任务模式选择，包括轨道类型、转移模式、推进系统等因素，这些系统之间相互耦合、相互影响，需要开展综合分析设计工作。

载人火星探测任务需要考虑多种设计因素，包括轨道类型：常见的载人火星探测任务的轨道类型包括合式轨道与冲式轨道，同时多次探测任务可以考虑循环轨道和不变流形轨道；出发点可以考虑近地轨道和高势能停泊轨道；推进技术可以考虑常规推进、核动力推进，核动力推进包括核电推进、核热推进、核聚变推进等方式。同时，还需要对未来载人火星探测的发展架构和发展路线进行设计，考虑最初的机器人探测（为载人探测做准备），到初期载人火星探测，再到航班化载人探测。

7.1.2 载人火星探测运输系统总体方案优化设计技术

将核推进应用于航天运输系统，必将对传统化学推进运载器的总体设计和研制带来重要影响，必须开展核推进的应用对航天运载器的设计和研制过程带来的影响研究。具体研究包括：总体指标，总体参数，各部段和主要分系统方案，研制过程影响参数分析等。

核热推进、核电推进以及双模式等不同动力形式的特点，对运载器的总体设计和优化带来重要影响。在任务剖面设计上需结合核动力系统大比冲和长工作时间的特点进行设计和优化，同时，不同周期、不同规模、是否执行在轨加注重复使用等空间任务对核动力也提出了不同的工作要求。

目前核热推进采用液氢工质，液氢经过堆芯的流动换热方式直接影响核反应堆的冷却效果，而液氢的流量、压力、温度等除了影响发动机性能外，同时对运载器增压输送系统指标产生影响，进一步影响液氢蒸发量及管理技术，甚至影响运载器指标。同时进一步在贮箱设计上采用模块化组装，并进行可抛贮箱设计以提高结构系数。

核运载器总体方案设计不同于传统飞行器，没有成熟的动力系统型谱选型，而是需要与动力系统开展联合设计。联合优化技术以实际任务需求为背景，依托总体提出推力、比冲、启动次数、工作时长、发电功率等指标要求，进行联合设计。仿真系统应当联合贮箱增压、工质管理、涡轮泵增压、反应堆换热、推力室推进等多项研究，建立完善的指标体系，明确不同系统之间的逻辑联系，确定各专业的输入输出参数。通过实时传递指标，进行不断迭代优化，实现运载器效率的最优设计。

通过评估动力系统关键指标对总体方案的影响程度和实现难度进行进一步迭代优化。

1）根据任务需求、轨道设计确定运载器的规模量级与速度增量；

2）提出核热动力系统推力、比冲、启动次数、工作时长等要求，明确动力系统技术指标。

3）提出核电模式发电功率需求，迭代计算散热器结构规模。

4）根据反馈的动力系统、反应堆参数，迭代计算质量规模，进一步细化总体方案的各项参数指标。

7.1.3　载人火星探测轨道优化设计技术

载人火星探测任务规模极大，受限于有限的推进剂携带量，需要选择合适的任务窗口，采用合适的飞行轨道，否则会造成任务规模过大、飞行推进剂消耗过大等。基于地球、火星、太阳三者几何关系考虑，存在多种可行的任务轨道，比如直接合式或冲式转移、循环轨道等，为此需要开展地火转移和火地转移轨道的优化设计技术研究。

当前主要的轨道设计方法包括：基于脉冲推进的常规合式和冲式轨道设计、循环轨道设计方法，同时在具体设计时还可能采用行星借力飞行轨道设计、不变流形轨道设计等。针对这类轨道，一般以兰伯特轨道设计技术、三体问题不变流形轨道设计为基础来进行研究。如果考虑到采用核电、核聚变等推进系统的载人火星探测，则可能采用连续推进轨道设计技术，把轨道设计问题转化为最优控制问题，以最优控制问题求解方法为基础，再把最优控制问题转化为非线性优化问题来求解，从而得到连续推进轨道设计。

7.1.4 核运载器液氢蒸发量控制 / 推进一体化技术

执行载人火星探测任务，推进剂通常装载量较大，一般以约 20 K，压力约 0.1 MPa 热力状态储存在贮箱中。由于核热火箭发动机在轨周期较长，来自堆芯辐射以及太空环境等热环境作用，使液氢大量蒸发或沸腾，浪费大量推进剂。液氢推进剂在轨蒸发量的降低及其在轨制冷技术是难点。因此，液氢推进剂长期在轨低蒸发量控制技术是其中的关键。通过"复合绝热结构 + 太阳遮挡屏 + 主动制冷 + 大面积冷屏"的综合技术方案，大幅削弱来自太阳及行星的辐射热，并充分利用核电系统的电能为主动制冷系统供电，然后通过主动制冷为液氢贮箱隔热层内的大面积冷屏供冷，进一步减少进入液氢贮箱的漏热量。主动制冷系统以制冷机为主，以循环氦气作为制冷机工作流体。显然，对于 LH_2，尽管采用高性能的 20K 制冷机冷却推进剂，但已经在轨验证的空间制冷机效率只能达到 0.1%~0.2%。从冷能利用的品质和效率来讲，相较于 20 K 温区的空间制冷机，采用更易于实现的 90 K 制冷机技术结合大面积冷屏来冷却更高温度的贮箱外表隔热层则更具有前景。主要原因在于采用 20K 温区的制冷机时功率和质量消耗较大、效费比低，不仅需要超大面积的太阳能帆板为制冷机供电，而且还需要大型展开式辐射器为制冷机废热提供散热途径。而利用不同品质的冷量与系统功耗及质量消耗之间的非线性关系，采用主动制冷机通过制冷工质将冷量传输给大面积冷却屏技术（Board Area Cooling，BAC）管路，冷却相对较高温区的贮箱外绝热结构，以抵消或减小向贮箱内的漏热，实现 LH_2 最小蒸发损耗。研究表明，对比采用 BAC 冷屏（90 K）和直接对 LH_2 采用主动制冷（20 K）两种方式，同等条件下采用冷屏后主动制冷系统质量和功耗消耗可分别节省 60.63% 和 64.32% 左右。图 7-1 为 BAC 冷屏与多层隔热材料结合蒸发量控制系统。

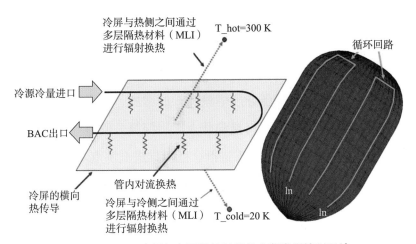

图 7-1　BAC 冷屏与多层隔热材料结合蒸发量控制系统

充分利用核运载器携带的氢工质，通过一体化设计，使其用于包括核热主推进、气氢气氧推力器、气氢电推力器辅助动力、贮箱自生增压等多个系统，结合主被动耦合液氢蒸发量控制技术，实现液氢长期在轨与高效利用。

氢辅助动力方案设计需进行多方案对比，电推力器推进剂利用贮箱内的蒸发气体，从贮箱顶部抽取气氢，气氢经压缩机加压后供给到电推力器。

核运载器贮箱增压系统选择了基于推力室夹套冷却气氢的自生增压模式，该模式可以简化增压系统并降低系统质量；采用"压力传感器＋电磁阀"组合的气体流量控制方案，并设计了由"主增压路＋辅增压路＋调节路"三路组成的流量动态调节方案，满足核热推进长时间低工况下的稳定增压；采用反应堆冷却用气氢，以较小的质量代价，解决发动机工作前贮箱大气枕快速补压的技术难点问题。

7.2 低温推进剂长期在轨应用技术

7.2.1 低温推进剂长期在轨贮存与管理技术

作为比冲最高的化学推进剂，低温推进剂的采用可显著减小空间运输系统的规模，同时随着系统任务速度增量需求的增加，采用低温推进剂优势越发明显，如更远距离的载人小行星和载人火星探测。低温推进剂被认为是空间转移最经济、效率最高的化学推进剂。低温推进剂沸点低（液氢 20 K，液氧 90 K），这使得其极易蒸发，加注站在轨期间受到空间太阳辐射、地球反照等外部热环境影响，同时还承受电气系统传热和辐射等，这些复杂的热环境传递给低温贮箱，会导致低温推进剂的蒸发，因此需要进行低温推进剂在轨贮存的研究。

低温推进剂在轨贮存与管理技术的核心是降低低温推进剂的蒸发率，可采用被动隔热技术、低导热率结构设计技术、主动制冷技术、液氢仲正转化技术、太阳辐射遮挡技术等。

（1）被动隔热技术

对于低温贮箱来说，目前有效的隔热材料主要分两类：一类是在地面非真空环境具有良好隔热效果的泡沫塑料；另一类是在空间真空环境起较好隔热效果的多层隔热材料（MLI）。可直接在泡沫材料外粘贴 MLI 进行贮箱热防护，同时由于 MLI 的热传导对低温贮箱热防护的影响非常关键，因此可进一步优化 MLI 层间密度，形成变密度多层隔热材料等。

泡沫材料的应用已经十分成熟，材料的性能可以满足目前航天应用的需求，但目前的工艺水平还有待提升。多层隔热材料是基本的被动热防护技术的关键，目前技术较为成熟，已经在民用产品上得到了广泛的应用。但是，针对大型航天器的低温贮箱或飞行器表面这种大面积的包裹还需要开展持续全面的研究工作，包括材料的选择、材料结构的设计以及工艺的实施等方面。在多层隔热材料中，变密度多层隔热材料（VDMLI）是性能更为优异的一种材料，在变密度多层隔热材料的研究方面，可以借鉴多层隔热材料的研究成果并行开展研究工作，在此基础上开展层间距的研究，并突破工艺加工的相关关键技术，尽早实现工业应用。

（2）低导热率结构设计技术

执行深空探测任务，由于飞行器在轨时间较长，对飞行器壳段结构的导热性能也提出更高的要求，以降低壳段结构对低温贮箱的漏热，特别是仪器舱段向低温贮箱以及液氧箱向液氢箱的导热，这类导热能够大大影响低温推进剂的漏热大小，进而增大蒸发率，而在飞行过程中这些壳段还需承受较大的飞行载荷，因此，开展基于低导热的连接支撑结构技术研究很有必要。

低导热连接支撑结构需要同时满足承载、刚度以及低导热的要求，其解决方案包括采用碳纤维材料的杆系结构以及被动在轨非连接支撑 PODS 技术，其中连接杆系结构一般分为 X 形杆系和 V 形杆系（见图 7-2），杆系的设计需要考虑碳纤维结构的设计、制造以及质量代价等综合因素。

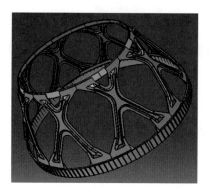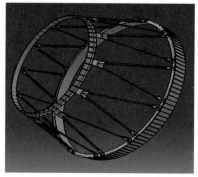

图 7-2 两种箱间段结构方案

PODS 结构可在一定的力的作用下实现固定连接,在轨滑行等情况下,无承载力时将自动断开,起到承力与绝热双重作用。主要思路为设计一种通过改变力和热的传递路径从而改变导热率的贮箱连接支撑结构,即结构存在两种状态:支撑结构在地面与发射阶段,支撑结构需要承受较大的载荷,这时结构处于连接状态;而在轨阶段,基本不受力载荷的作用或载荷作用很小,此时结构处于断开状态,热量传递将大大降低。

PODS 包括冷端体部分和热端体部分,图 7-3 为其结构原理图。其中冷端部分设计了非接触连接结构。冷端部分非接触支撑机构主要由在轨管、冷端体、调节衬套、接触杆、小卡圈、接触螺母等组成。冷端体右侧锥面、接触杆两侧锥面和螺母左侧的锥面是非接触的主要组成部分,在不同受力状态下存在不同的接触状态,从而改变了热的传导方向。

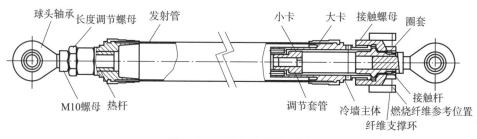

图 7-3 PODS 结构原理图

采用 ANSYS Workbench 传热模块对 PODS 在非接触、受拉、受压三种受力状态进行热流密度分析，得到了在不同状态下的热流分布图，结果如图 7-4 至图 7-6 所示。通过热流密度，求出三种状态的漏热量：在非接触工况下漏热量为 0.114 W，在受拉工况下漏热量为 0.142 W，在受压工况下漏热量为 0.143 W。即在轨工况（状态 1）下支撑结构传热路径要比发射工况（状态 2 和状态 3）下长，其等效热阻要大。因此非接触状态 1 下漏热量较另外两种接触状态下漏热量要小，最大能降低 20%。

图 7-4　非接触时热流分布（状态 1）

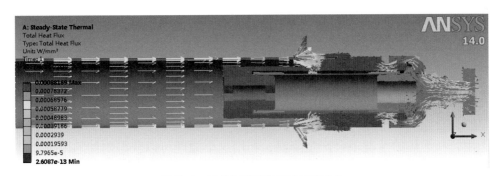

图 7-5　受拉时热流分布（状态 2）

（3）主动制冷技术

主动制冷方法的实现途径是使制冷机和贮箱耦合，把贮箱系统的漏热全部移出，实现低温推进剂的零蒸发损失。其原理是：热交换器浸没在低温推

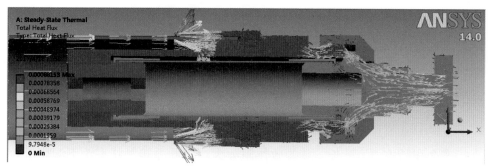

图 7-6　受压时热流分布（状态 3）

进剂的贮箱内部，制冷机与热交换器组合，从贮箱内移出热量，并通过辐射器辐射到外界空间环境。单纯依靠被动热防护的方法来实现低温推进剂的长时间贮存非常困难，发展制冷技术是保证加注站未来更长时间在轨的重要途径之一。

在主动制冷方法研究中，首先，需要开展基础理论研究，开展相应的制冷技术机理研究，提出初步技术路线，提升制冷寿命及制冷能力，使其逐渐具备空间工程化应用能力；其次，开展关键技术攻关，包括系统综合仿真研究、优化设计；最后，开展原理性试验和综合试验研究。

（4）液氢仲正转化技术

根据氢中的两个氢原子核自旋的相对方向的不同，氢分子可分为正氢和仲氢。通常的氢是这两种形式氢分子的混合物，正仲氢之间的平衡百分比仅与温度有关。仲氢随着温度的升高会自发转化为正氢，吸收热量，产生制冷作用，在绝热的情况下会产生降温，利用这个原理可以获得附加的冷量，这个冷量在某些场合如空间液氢储存和管理极为可贵。基于仲氢转化为正氢会产生制冷效应的理论，利用仲氢绝热转化制冷的冷量与热力学排气技术相结合可将储罐内部分汽化氢气再液化，同时仲氢连续转化制冷技术与蒸气冷却屏技术相结合可极大提高吸收环境漏热的能力，最终使得液氢蒸发量损失可降低达 50% 以上。

仲氢转化制冷技术用于液氢储存的剖面示意图如图 7-7 所示。图中液氢储罐中的绝热转化器、节流阀和翅片式凝结换热器将罐内的低温氢气再液化，之后进入缠绕在内罐外侧的连续转化器，作为冷屏吸收来自环境的漏热，达到减少液氢蒸发损失的目的。图中绝热转化器和连续转化器的管内均装载有仲氢转化为正氢的催化剂。

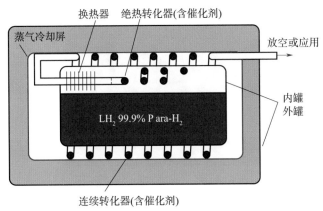

图 7-7　带仲氢转化制冷技术的液氢储存剖面示意图

对于液氢的在轨贮存，由于空间微重力作用，液氢储罐内的气液两相是混合在一起的，因此在应用本技术时应增加相应气相获取装置，增加液氢循环泵来消除罐内的热分层，并使得气液混合流体流经绝热转化器之后的凝结换热器，使得气相液化及液相进一步冷却，最终达到减小蒸发损失的目的。

（5）太阳辐射遮挡技术

空间热环境主要来源于太阳辐射、地球红外辐射、地球反照和行星反照等。太阳辐射遮挡技术采用辐射遮挡机构降低低温贮箱外热流影响，以此来降低推进剂蒸发。

半人马座太阳遮挡屏（CSS）结构（见图 7-8），由 6 个可独立展开的片段组成，以满足可靠性和冗余性要求。膨胀杆分别位于每个梯形的中心，各膨胀杆膨胀与其他 5 个相互独立，如果其中一个花瓣展开失败不会影响另外五个展开。在 CSS 的前端开有窗口，以使安装的仪器舱（CFA）组件满足热环境需求。圆柱形的装配可保证膨胀杆以封装的形式安装，而且在展开过程中提供了可控的膨胀压力和速度。半人马座太阳遮蔽装置如图 7-9 所示。

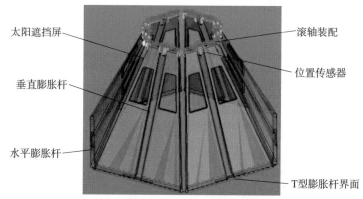

图 7-8　半人马座太阳遮挡屏结构

图 7-9　半人马座太阳遮蔽装置

7.2.2　低温推进剂在轨加注技术

低温推进剂不但存在蒸发控制和推进剂管理困难等诸多问题，且加注过程更加复杂。目前低温推进剂在轨加注主要有无排气加注和排气式加注两种方法。

无排气加注：对于初始温度较高的贮箱，首先通过低温流体小流量加注，期间排气阀打开，这一阶段的加注主要是预冷贮箱壁。当贮箱壁温降低至某一临界值后，关闭排气阀，开始低温推进剂正常加注，加注期间箱内气枕区被不断压缩，导致贮箱压力持续升高，而此时箱内存在的相变模式主要是气体冷凝，冷凝作用有利于气枕压力降低。因此，在加注过程中要控制加注速度，确保冷凝引起的压力降低，及时平衡气枕压缩所导致的压力升高。

排气式加注：低温流体无法通过膜分离技术分离气液相，导致在轨排气不易实现。若能向低温贮箱提供一定的加速度以分离气液两相，则可如地面加注一般，边加注边排气，从而保证低温流体的快速加注，目前主要研究的方案是自旋沉底，确定恰当的临界加速度，保证气液相分离，并且通过推进剂管理装置和加注速度确保加注来流不会导致低温液体的排放。

（1）推进剂贮箱压力控制技术

微重力下低温贮箱压力控制方法主要包括液体沉底排气技术、表面张力控制技术、流体混合技术、热力学排气技术。

液体沉底排气技术成熟度较高，适用于低温推进剂在轨短期贮存，并且已取得一定应用。但此技术由于消耗一定量的推进剂且真空排放会带来一定的安全隐患，因此需结合流体混合技术，减少推进剂真空排放次数，以满足低温推进剂数天在轨贮存的要求。

流体混合技术的目的是消除热分层。该技术用泵将贮箱内液体抽出再返至贮箱，注入贮箱的液体带动贮箱内流体运动，降低气液界面的温度梯度，破坏贮箱内流体的热分层，降低贮箱压力。在航天飞机上进行的 3 次 F113 模拟低温流体混合压力控制试验结果表明，采用低韦伯数、低能量轴向喷注系统可以实现主动压力控制。不同填充率下可以用一样的轴向喷注混合设计，高填充率下 1 左右的韦伯数流率就可以满足有效的混合降压需求。

热力学排气技术的基本原理是低温贮箱内流体通过节流装置（J-T 阀）后其温度降低。过冷的液体通过热交换器，与贮箱内流体进行换热，从而阻止了热负荷的产生。由于热传递的存在，通过两相流交换器内的冷流体开始蒸发，蒸发的气体被排出。热力学排气技术可满足低温推进剂较长时间的在轨贮存需求，是一项具有发展前景的低温推进剂长期在轨贮存贮箱压力控制技术。但系统复杂，需要较大功率的能源供给系统提供支撑，压力控制效率与效果还存在较大的提升空间。目前，在此方面基本处于地面试验初步研究阶段，技术成熟度较低，需要开展深入攻关研究。

（2）加注过程中的组合体姿态控制技术

加注过程中的组合体姿态控制技术首先要求对加注过程中系统的质量特性进行准确估计。与初始对接后的组合体质量特性参数辨识不同，由于加注过程中质量特性为时间的函数，因此应该采用状态估计理论设计估计算法，状态估计与参数辨识的不同点在于，状态估计算法中包含状态微分方程（通常采用离散形式的状态转移方程表示），可以对时变状态量进行估计，常用的状态估计算法包括针对线性系统的卡尔曼滤波，以及针对非线性系统的 EKF 和 UKF。

现有的自适应控制方案大多针对的是被控对象参数为定常不确定的情况，在参数变化缓慢时（相对控制系统调整时间而言）可以取得一定效果，但不能完全消除控制误差。因此，必须采用参数自适应控制方案，使控制器参数根据质量特性参数的估计值在线实时整定。

（3）推进剂在轨气液分离技术

微重力条件下的气液分离技术主要有：隔膜式、助推加速度式、自旋式、表面张力式和电磁力分离式。采用隔膜的气液分离装置不适用于易蒸发的低温流体；助推加速度式采用一个小的加速度（10^{-4} 到 10^{-5} 的量级）使得液体管理状态类似于地面状态，最简单并且成熟度最高的沉底技术是给飞行器加载推力，使得液体直接沉底，这个推力可以来源于小发动机，也可以是定期或连续地通过小喷管排出一定量的推进剂蒸气形成推力，这种方式将消耗推进剂用于维持推进，经济性较差；而自旋式的气液分离手段，对于大型在轨加注站而言，同样将消耗推进剂用于维持推进，经济性较差；电磁分离技术成熟度低，还未确定能否适用于液氢的高温超导磁体。相较而言，通过表面张力和毛细力作用被动获取液体的液体采集装置（LAD）既不消耗多余的能量，也不要求其他复杂的装置，是目前最高效有利的。表面张力型气液分离装置早已成功应用于常温推进剂的在轨加注，微重力条件适用性好（ORS、SFMD、FARE 等试验均采用了这种 LAD）。近期，该装置在低温工况下的工作性能也已经得到了地面试验的验证，可靠性较高。应用较广的表面张力型气液分离装置，膜通道 LAD 结构紧凑、简单轻便，能够广泛适用于不同流动方向、不同重力水平、不同热环境和不同流量的工况。因此，选用膜通道式气液分离装置，选用 Dutch Twill 450×2 750 作为隔膜材料。

7.2.3　低温推进剂在轨集成利用技术

低温推进剂集成流体系统通过对低温推进剂集成管理，集发电、辅助动力、增压等功能于一体，可以降低各独立系统的设计余量，进而达到整个集成流体系统最优的目的。同时，集成流体系统采用高比冲气氢气氧推力器和基于氢氧的能源系统替代传统的辅助动力系统及大型电池，可以突破肼推进剂用量和氦气用量等限制,提升运载器效率,增加在轨时间,拓展任务能力。此外,采用集成流体系统可减少在轨加注的推进剂种类,有利于未来发展基于液氢液氧在轨加注技术的重复使用空间运输系统。

IVF 系统主要由 3 个子系统构成:末端执行子系统、发电子系统、补给子系统。其中末端执行子系统包括气氢气氧推力器、增压排气系统,具有姿轨控、沉底、增压、排气等功能;发电子系统包括内燃机、发电机及控制器或燃料电池等,执行发电任务;补给子系统包括液氢液氧泵、氢氧换热器及氢氧气瓶等,以支撑其他各子系统工作。低温推进剂在轨集成利用涉及的关键技术包括 IVF 总体设计方法、IVF 性能仿真与验证、气氢气氧推力器技术及氢氧内燃机技术。

(1)IVF 总体设计方法

根据低温推进剂集成流体系统功能,系统设计方法以运载器的总体参数和蒸发量等为输入条件,开展 IVF 总体参数分析,针对在轨滑行、交会对接、轨道转移等不同工作状态,以姿控、轨控、沉底、增压对流体压力、温度和质量的需求为依据,提出推力器设计要求,进而提出换热器的换热功率、泵功率需求等,采用气瓶进行缓冲设计;对电源系统提出电量需求和热量需求;以此提出电源系统入口流量、温度和压力等需求,最终对 IVF 系统进行迭代设计。IVF 系统典型布局和概念布局参见图 7-10 和图 7-11。

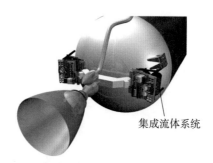

集成流体系统

图 7-10 集成流体系统在飞行器上的典型布局

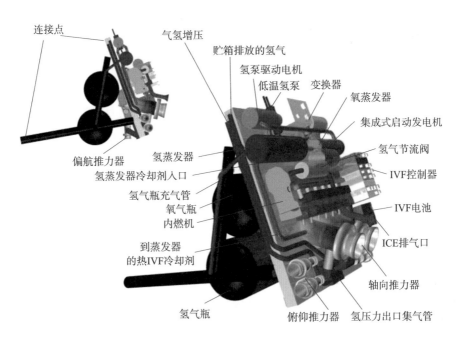

连接点
气氢增压
贮箱排放的氢气
氢泵驱动电机
低温氢泵
变换器
氧蒸发器
集成式启动发电机
氢气节流阀
IVF控制器
IVF电池
ICE排气口
轴向推力器
氢压力出口集气管
俯仰推力器
氢气瓶
到蒸发器的热IVF冷却剂
内燃机
氧气瓶
氢气瓶充气管
氢蒸发器冷却剂入口
氢蒸发器
偏航推力器

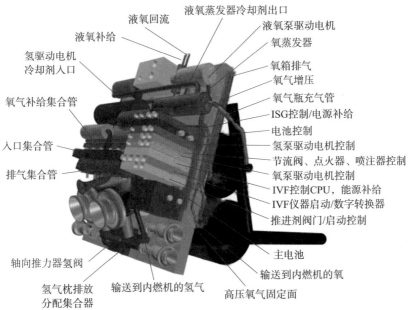

液氧回流
液氧蒸发器冷却剂出口
液氧补给
液氧泵驱动电机
氧蒸发器
氢驱动电机冷却剂入口
氧箱排气
氧气增压
氧气瓶充气管
ISG控制/电源补给
电池控制
氢泵驱动电机控制
节流阀、点火器、喷注器控制
氧泵驱动电机控制
IVF控制CPU，能源补给
IVF仪器启动/数字转换器
推进剂阀门/启动控制
主电池
输送到内燃机的氧
高压氧气固定面
输送到内燃机的氢气
氢气枕排放分配集合器
轴向推力器氢阀
排气集合管
入口集合管
氧气补给集合管

图 7-11　集成流体系统概念布局图

（2）IVF 性能仿真与验证

根据集成流体系统的构成，将系统分为如下模块：考虑流阻和惯性的管路模块、容积、理想气体容积、液体阀门、气体阀门、电动活塞泵、换热器、内燃机及集成启动发电机 / 燃料电池、蓄电池、贮箱、推力器等模块。其中，容积、管路、集中阻力模块是 IVF 系统仿真中最基本的模块。其他模块重点对内燃机 / 燃料电池进行模拟。

集成流体系统的优势最终主要体现在运载器整体质量的降低。针对低温推进运载器集成流体系统的各模块，构建各部件的质量模型。基于质量分析模型对集成流体系统进行质量评估。集成流体系统的部件包括管路、阀门、气瓶、泵、内燃机、蓄电池、电机和推力器等。对于管路、气瓶等几何形状比较规则的部件，通过几何参数和材料密度计算部件质量。对于结构比较复杂的组件如内燃机和泵，则从产品信息入手建立质量与其工作参数的关系。

针对集成流体系统的不同方案，进行多方案的仿真评估，主要考虑了氢贮箱间隔排气方案、氢贮箱连续排气方案、不同增压方案以及不同蒸发量方案等。

集成流体系统涉及姿控、轨控、沉底、增压和发电等功能模块的气液相流路等，需重点关注各量的平衡和匹配。NASA 马歇尔航天中心采用其研发的基于有限体积法的流体系统仿真软件（GFSSP），对比相应的地面测试试验（见图 7-12），验证 IVF 系统的性能。

（3）气氢气氧推力器技术

气氢气氧推力器作为 IVF 末端执行子系统的重要单机，可以利用在轨蒸发的低温推进剂执行飞行器姿态控制、轨道控制及沉底等动作。同时为适应飞行器长期在轨的不同任务需求，需要具备多次启动能力。2007 年，美国联合发射联盟公司（ULA）针对 IVF 系统牵头设计、制造侧向姿控推力器，并

图 7–12　马歇尔航天中心 IVF 回路试验台

进行热点火试验，重点对低成本紧凑型点火系统进行验证。考虑到轴向推力器需要非常低的燃烧室压力，需要专用的真空测试设备，2011 年完成测试设备研制。目前已完成大量气氢气氧推力器的真空和地面点火试验（见图 7–13和图 7–14）。推力器喷注器设计对推力室内部燃烧和传热具有很大影响，从而影响推力器燃烧效率和防热设计，其冷却方案和点火装置小型化设计均为难点。需要深入研究喷注压降、喷注速度比、喷嘴垂直距离、喷嘴结构设计参数等对燃烧效率的影响。

（4）氢氧内燃机技术

氢氧内燃机是发电子系统中的重要部件，也是集成流体系统有效利用蒸发氢气的实现途径。其技术难点主要在于氢氧内燃机的系统设计和高效燃烧组织、在轨环境下润滑和冷却等。自 20 世纪 60 年代初期起，DARPA/NASA 的 Vickers 的研究团队已设计、建造并测试了 H_2/O_2 单缸发动机，并取得了燃烧 500 小时的优异成绩。

图 7-13　气氢气氧轴向推力器热试车

图 7-14　侧向推力器试验图

　　2010 年，ULA 和 Roush 公司完成一台 H_2/O_2 单缸活塞内燃机和一个转子内燃机（200 mL）的燃烧试验，设定了不同混合方式、混合比、点火时间、入口条件和转速等多种工况，验证了低混合比氢 / 氧燃烧的可行性，未引起爆炸或预先燃烧，且排气温度较低。H_2/O_2 转子内燃机热电偶示意图如图 7-15 所示。

图 7-15　H_2/O_2 转子内燃机热电偶示意图

该项目团队采用具有较高的功率／质量比的转子内燃机进行热测试，通过在自身冷却的转子内燃机上设置 75 路热电偶测试，获取发动机部组件的热载荷数据。由于氢氧极快的燃烧速度及火焰极高的温度使得火花塞局部热载过大。这将限制混合比峰值，并使发动机壳体产生大热变形，需要对冷却系统和密封件润滑进行攻关研究。

在充分对比分析后，设计团队最终采用液冷式直列 6 缸内燃机，在质量、操作鲁棒性、性能、散热、冗余和低振动方面具有综合最优性能，并于 2012 年 8 月完成研制（见图 7-16）。整个内燃机压缩比为 6.5，转速在 8 000 r/min 时排量为 600 mL，长约 700 mm，预计质量不超过 50 kg。

在 1.0 的混合比和典型的压力工况下，内燃机将生产约 20 kW 的轴功率，同时为换热器提供相应热量。整个内燃机的研发难点包括功率、热量有效利用，阀门、端口、密封座的小尺寸加工问题等。

Credit: Roush Industries

图 7-16 集成流体系统内燃机组件图

7.3 先进推进技术

7.3.1 先进核发动机技术

核发动机技术作为一种未来动力技术，具有推力大、能量利用率高、推力密度大等特点，其比冲可以达到 900 s 以上。与传统化学动力发动机不同，核热发动机没有化学反应，仅依靠反应堆产生的热量加热单一工质实现气体膨胀，进而产生推力。因此，其动力系统与传统动力系统有很大不同，氢涡轮泵、反应堆、再生冷却喷管等部件均需要针对核发动机特点进行重新设计，并确定其具体技术方案与性能指标。

结合核运载器的具体应用任务设计、动力需求以及核运载器总体方案，提出对核热火箭发动机系统的总的设计参数指标要求，包括推力、比冲、功率、工作时间等。根据这些参数指标要求，结合核发动机的特点，开展总体方案论证，确定发动机系统方案，评估各组件技术难度与技术风险，并对发动机系统方案提出改进方向，通过总体及反应堆单位的多轮设计迭代，确定最终发动机系统方案。

（1）热核推力室技术

在核热发动机中，传统化学推进的燃烧室换成了高能量的核反应堆，整个推力室的构造发生了明显变化，需要重新设计，开展与核反应堆相适应的变化设计以及满足核反应堆高热量的冷却要求等。

（2）低温工质输送及管理技术

在核热发动机中，只携带一种工质，增压输送系统发生改变；而传统的化学推进燃烧室换成了高能量的核反应堆，需要低温工质对其进行冷却，冷却通道的设计也需要认真研究；整个核热发动机推进剂的输送和管理包括很多新课题。

（3）试验技术

核热推进系统的燃料和材料考验要在高温环境下进行，燃料燃耗特性、结构完整性和瞬态变化特性等需要重点考虑，而反应堆燃料的动态试验更需要重点研究。另外，核热试验要在密闭的环境下进行，喷出的工质会造成一定的核污染，需要进行回收处理等。

（4）反应堆的设计技术

由于核热推进燃料元件的形状比较复杂，例如俄罗斯采用的扭转条状。复杂的燃料元件和堆芯结构首先给理论计算分析带来了较大的挑战，而核热推进堆芯内的温度变化范围比较大，进一步加大了设计的困难；另外，核反应堆小型化和模块化设计也是设计的难点。

（5）核燃料制造技术和堆芯材料的研制

核热推进的核燃料工作温度高，并且要能够经受高温氢气的侵蚀。同时为了满足某些任务需求，核燃料还要能够经受急剧的温度变化。为了保持除燃料外的其他结构处于较低的温度，氢气在进入堆芯之前，要流经这些结构部件，起冷却作用，但要防止液态氢进入燃料区域，从而避免热震荡的产生。这就要求各种材料等与氢气要有较好的相容性。

（6）反应堆自动控制技术

核热推进应用于航天运载器，要求其启动速度能够满足运载器的需要，这就要求反应堆在很短的时间内达到满功率运行，并且要保证绝对的安全，对自动控制技术提出了很高的要求。

7.3.2　核发动机增压输送技术

液氢工质贮箱增压系统的功用是将贮箱中的推进工质按照一定的流量和压力协调地输送到发动机涡轮泵中，贮箱所需增压压力一方面要保证推进剂泵工作时不发生气蚀所需的泵入口压力，另一方面要考虑贮箱作为火箭结构承力件所要求的充气压力。对于核运载器来说，贮箱增压设计主要考虑涡轮泵入口压力需求。

核热发动机采用液氢作为工质，利用贮箱增压系统将液氢工质送入氢泵，压力进一步上升。氢先后通过推力室冷却夹套、反应堆控制元件受热，并驱动涡轮做功，最后进入反应堆加热升温，再膨胀加速产生推力。相对于传统化学推进，以载人探火为任务背景的核运载器，在贮箱增压方面有以下两个新特点。

（1）从任务需求来说，液氢加注量大，发动机启动次数多，工作间隔时间长，存在大气枕快速补压难点

传统化学运载器由于在轨时间短，发动机重复启动次数少、间隔短，贮箱内温度压力变化较小。而载人探火任务中，发动机工作间隔长达数百天，

在第二次、第三次发动机启动时气枕体积变化大、初始温度压力低，发动机启动前需要更多的补压气体以提升贮箱压力。在大气枕情况下对低温贮箱进行补压，需要消耗大量增压气体；同时由于初始气枕体积的不同导致增压过程气枕温度、密度均有所差异，这对贮箱增压流量控制提出了更高的要求。

（2）从核热推进特点来说，动力系统仅使用一种工质，发动机启动关机时间长，存在多工况高精度增压难点

核运载器使用密度小、贮存温度低的液氢作为工质，限制了增压方案的选择范围；由于反应堆启动和停堆是一个缓慢的过程，发动机将在小流量低工况的情况下工作较长时间。根据核热动力系统工作特点，可将其工作状态分为三种（见图 7-17）：1）低流量液氢供应的补压段，实现反应堆启堆冷却与贮箱补压；2）液氢流量快速变化的启动 / 关机段，对应核热发动机非阶跃启动 / 关机状态；3）长时间、液氢额定流量供应的稳定工作段，对应核热发动机设计工作状态。不同于传统增压系统的仅需满足稳定工作段的增压需求，核运载器贮箱增压系统需同时考虑补压段、启动 / 关机段、稳定工作段的增压流量需求。

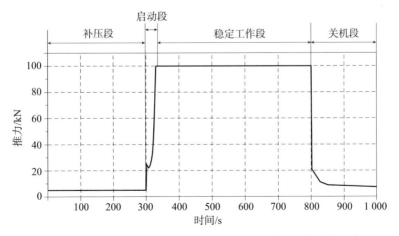

图 7-17 核热推进补压、启动、稳定工作、关机四个阶段示意图

由于以上几点原因，在对核运载器进行贮箱增压方案研究时，不能直接采用成熟的增压方案，应当结合载人探火核运载器的自身特点与需求，进一步补充、修改，完成贮箱增压方案研究。

在进行贮箱增压方案设计时，其主要设计内容包括增压模式对比选择与增压流量控制方案研究两部分。

在增压模式对比选择部分，以增压系统质量、蒸发氢质量为参考指标，选择合适的增压模式，确定增压气体类型，结合发动机设计方案，选择增压气体状态参数；在增压流量控制方案选择部分，确定增压系统工作设计条件，结合多工况特性，选择增压精度、可靠性较好的流量控制系统，满足增压系统特殊增压难点需求。核运载器贮箱增压压力控制带设计如图 7-18 所示。

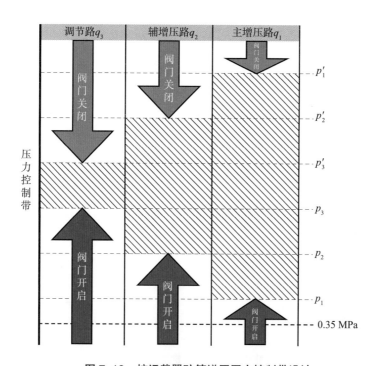

图 7-18 核运载器贮箱增压压力控制带设计

7.3.3 一体化动力系统设计技术

在满足运载器推进需求的同时，充分利用核运载器携带的液氢工质；贮箱内的蒸发气氢可以供给电推力器或姿轨控氢氧推力器；核热推进期间用于反应堆、推力室夹套冷却的气氢可返回贮箱用于增压；同时液氢也可以用于生活用水制备、辐射防护等保障。

（1）主发动机

核热发动机以液氢为工质，主要组件包括：涡轮泵、氢输送管路、推力室、喷管延伸段、反应堆、反射层、控制鼓、屏蔽层等。贮箱内液氢经氢泵加压、送入推力室夹套和反应堆控制元件受热汽化。高压气氢驱动氢涡轮做功后，进入反应堆堆芯受热成为高压氢气，并被送至推力器转化为推进动力。

核电推进系统由空间核反应堆、热电转换系统、热排放系统、电源管理和分配系统、电推进系统构成，将热电转换系统产生的大功率、长时间电能提供给电推力器，实现数千至上万秒的超高比冲。采用电推进为主动力，可以大幅降低推进剂消耗量，进一步提升运载能力。通过抽取液氢贮箱内的蒸发氢，作为电推进工质，可以简化电推进推进剂贮存系统，实现推进剂一体化利用。以氢为工质的电推力器包括氢电弧加热推力器与氢磁等离子体推力器等。根据实际任务需求，选择合适的氢工质电推力器作为运载器推进动力。

（2）增压输送系统

增压输送系统用于在发动机工作期间，为液氢贮箱提供一定范围内的压力，以保证液氢在进入涡轮泵时具有较大的压力，避免发生气蚀问题导致发动机不能正常工作。对于较大尺寸的液氢贮箱增压，采用气瓶增压、燃气增压方案将会导致增压系统质量过大；采用液氢汽化后的气氢返回贮箱为贮箱增压，则可以进一步简化增压系统，降低增压气体消耗质量。通过引出推力室冷却夹套出口处的气氢，经降温、降压后返回液氢贮箱增压，确保发动机工作期间贮箱压力。针对核热发动机长时间低工况工作特性，为满足增压系统多工况工作需求，增压控制方案采用"压力传感器＋电磁阀"组合模式，设计三路流量不同的增压路实现流量动态调节，通过主增压路、辅增压路、调节路三路不同增压流量的配合增压，能够满足核热动力多工况及故障情况下的增压需求。

（3）氢氧推力器姿轨控系统

利用贮箱蒸发氢或液氢，结合少量液氧供应氢氧推力器，可以满足高比冲的大推力姿轨控推力器需求。通过收集来自贮箱的蒸发气氢，既可以充分利用氢工质，又简化了液氢的增压系统，利用高压气氢的压力实现推进剂增压，进一步降低辅助动力系统质量，氢氧推力器比冲可达 400 s 以上。

（4）反应堆冷却与贮箱补压

反应堆受其启动、停堆特性限制，其功率爬升、速度下降较慢。在发动机启动前，反应堆需提前工作提升功率；在发动机关机后，反应堆仍将在较长时间内输出热量。因此在反应堆启停阶段，需要对反应堆进行冷却控温。利用贮箱内的低温氢工质对反应堆进行冷却，同时结合贮箱补压与排气需求，开展冷却／增压一体化设计。

在反应堆启动段，从贮箱抽取液氢进入反应堆控制元件进行冷却，并将冷却后的气氢返回贮箱用于补压，以保证贮箱压力在发动机启动前达到指定压力；在反应堆关机段，在发动机关机后，将贮箱中的增压气氢抽出并导入反应堆冷却，一方面避免了高温增压气氢导致的贮箱内液氢温度上升与大量蒸发，另一方面可以利用气氢相对较低的温度带走反应堆余热，实现增压气氢的二次利用。

（5）生活保障等

液氢除用于动力系统外，还可为成员生活用水提供化学制备原材料。同时液氢对核辐射较好的屏蔽能力，能够吸收来自反应堆的中子和伽马射线，有效降低反应堆对于设备、人员的辐射影响。

（6）小结

通过一体化设计，氢工质可以满足推进、增压、冷却与生活保障等多种任务需求，氢工质的一体化利用模式如图 7-19 所示。

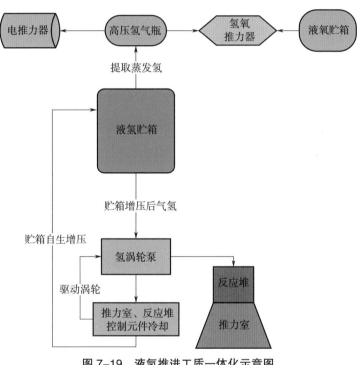

图 7-19　液氢推进工质一体化示意图

7.3.4　核发动机辐射屏蔽技术

核发动机反应堆运行时产生大量的中子和高能 γ 射线，一部分中子和 γ 射线会穿透反应堆，有可能照射到发动机和航天器其他部件、储氢罐以及航天员，会造成发动机和航天器其他部件特别是电子元器件的辐照损坏、储氢罐中液氢推进剂温度升高而汽化以及对航天员的生命健康造成威胁，因此必须在反应堆周围设置辐射屏蔽体，以有效阻挡中子和γ射线，保证整个航天器系统和航天员的安全。

结合载人火星探测的具体任务设计，参考航天工业和核工业相关辐射防护的标准，结合核发动机的特点，开展发动机辐射防护准则研究，确定双模式核热火箭发动机辐射防护的基本原则和设计目标，确定辐射防护限值。对反应堆模型进行合理简化，选取合适的计算程序，开展辐射源项计算，为发动机辐射防护设计提供设计输入。评价不同材料的屏蔽效果，研究轻屏蔽体与重屏蔽体的布置方式对屏蔽效果的影响，分析液氢贮箱内工质对辐射防护的贡献，开展内屏蔽体冷却结构设计，最终确定合理可行的发动机辐射防护方案。

7.4　精确制导与控制技术

载人火星探测运输系统飞行距离远，最远距离地球数千万到数亿千米，且火星表面环境与地球有很大不同，因而载人火星探测导航制导控制技术涉及的范围广泛，除常规地球航天器的姿态轨道控制外，还包括深空轨道控制、火星着陆、高速再入与返回等环节。制导控制技术的难度大大提升，姿态确定与控制、轨道确定与控制算法的合理选取将直接影响火星着陆与探测任务的成功与否。

7.4.1　火星轨道交会对接相对导航、制导与控制技术

与地球轨道交会对接相比，在火星轨道进行交会对接由于通信距离远、时延长等困难，来自地面测控的高精度导航支持有限，地面工作团队也无法

实时监控交会对接全过程并对突发状况进行快速反应。这对火星轨道自主导航定位和相对导航精度提出了极高的要求。火星的 J2 摄动项系数约为地球的两倍，因此在火星轨道运动过程中 J2 摄动项的影响更为显著，这对制导系统误差修正也提出了更高的要求。

针对火星轨道高精度的自主导航定位需求，采用基于脉冲星导航的方案提高导航系统的自主性和精度。

对于火星轨道交会对接，需要发展由星载敏感器测量的交会自主导航技术。自主相对导航的测量信息来源主要有以下 2 种。

1）基于雷达的相对导航技术。交会雷达是十分常见的相对导航敏感器，主要涵盖激光雷达和微波雷达两个分类。两者都可以对追踪航天器相对于目标器的距离、姿态和方位角进行实时测量，但是作用范围有所不同。激光雷达作用范围较小，为几十米到数十千米；微波雷达则适合长距离使用，其作用范围可高达几百千米；但是在近距离测量上，激光雷达拥有波束窄、测量精度高的特点，性能更佳[96]。有学者设计了基于间接测量量的 EKF，来处理激光雷达测得的相对视线距离、相对视线速度、仰角以及仰角变化速度等信息，对相对导航参数进行估计[97-98]。文献 [99] 以双脉冲交会为例，基于 Hill 方程进行相对运动分析，利用交会雷达测量相对距离和姿态角，估计解算出了两交会航天器之间相位位置和速度。

2）基于光学测量的相对导航技术。交会对接中光学导航技术既可以用于中距离时的搜索，也可以用于近距离逼近段时的精准交会。在近距离交会时通常需要在目标航天器上提前设置好特征点，便于追踪航天器的光学敏感仪进行测量[100]。

目前，有关火星轨道交会技术的研究较少。Sotto 等[101] 以欧洲航天局曙光计划为背景，讨论了火星椭圆轨道交会对接的实施策略，给出了 5 km 以内的交会方案，但未就具体的导航和制导技术进行讨论。Pelletier 等 [102] 针对火星近圆轨道交会任务，基于激光雷达测量，设计了相对导航滤波器用于 1 km 以内的交会控制。Delpech 等人针对 CNESL/NASA 火星先行者任务（Mars Premier Orbiter Mission）中火星轨道交会实验提出了初步的交会方案，火星轨道器位于轨道高度高于目标轨道的探测搜索轨道，当火星轨道器落后目标轨道的距离为 500 km 时开始霍曼转移机动至轨道高度低于目标轨道 1~2 km 的追赶轨道，当火星轨道器与目标轨道的距离小于 5 km 时进入火星轨道器的激光雷达探测范围，进入自动终端交会阶段 [103]。Guinn 提出的交会方案中追赶轨道的轨道高度为低于目标轨道 200 m，在火星轨道器落后目标轨道的距离缩小到 5 km 时进一步机动到轨道高度低于目标轨道 20 m 的终端交会轨道进行终端交会 [104]。Régnier 提出综合设计 V-bar 转移与 R-bar 转移的火星轨道交会捕获的终端交会段转移方案（见图 7-20），各转移机动由地面发出控制指令由航天器开环执行 [105]。

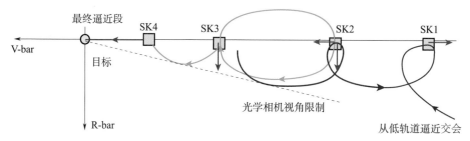

图 7-20　终端交会与最终逼近过程流程

7.4.2　气动捕获精确制导与控制技术

气动捕获技术是气动辅助技术中的一种。航天器进入火星大气层，完成一次大气穿越操作，依靠火星大气阻力，实现航天器从双曲线轨道到椭圆轨道的转移。相比较于利用化学推进器直接进行变轨，气动捕获可以为航天器节省更多的推进剂，进而可以降低火箭发射质量，同时可以增加航天器携带的有效载荷，完成更多的科学探测任务；相较于气动制动技术变轨，气动捕获可以大大缩短航天器轨道转移的时间。

　　气动捕获过程涉及力学、热学、导航制导与控制等多个学科。其中制导方法是实现气动捕获的关键问题之一。气动捕获中的制导问题就是要根据飞行器当前的位置速度信息，并考虑不同的设计约束（如：目标轨道、过载约束、热流、总加热量约束）等，实时计算出所需过载的大小与方向，探测器再根据所需过载生成姿控指令序列，控制气动力的大小和方向，以满足目标轨道的入轨要求。

　　如图 7-21 所示，在 A 点以双曲线速度进入大气，利用气动捕获减速后在 B 点出大气形成初始捕获轨道，在 D 点施加近心点提升机动速度 ΔV_1，用于提升初始捕获轨道的近心点，使之进入停泊轨道，然后在停泊轨道 I 点施加脱离轨道机动速度 ΔV_2，使航天器减速下降脱离停泊轨道，在 E 点以指定的速度和航迹角进入大气，最终下降着陆到火星表面。

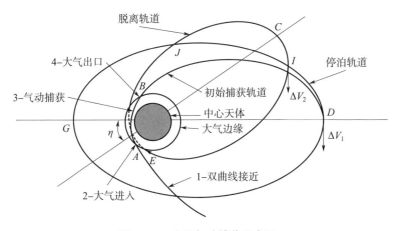

图 7-21　火星气动捕获示意图

气动捕获制导方法主要分 4 种：解析预测校正（Analytical Predictor-

Corrector，APC）[106-108]、能量控制器（Energy Controller，EC）[109-110]、数值预测校正（Numerical Predictor-Corrector，NPC）[111-113]、终点控制器（Terminal Point Controller，TPC）[114]。

APC 方法将气动捕获过程分为两段——捕获段和逸出段，由此分别控制轨迹过载和目标远心点。捕获段为轨迹的第一段，由平衡滑翔段构成；逸出段为轨迹的第二段，采用 APC 方法。平衡滑翔段，将指令倾侧角建模为关于高度的线性二阶微分方程。航天器减速到某一特定速度后，过渡到逸出段，将高度变化率作为唯一控制变量，可以实现解析积分，与数值方法相比降低了对星载计算机的要求。

EC 方法通过改变能量增益，控制航天器能量到目标能量状态（由目标轨道决定）。能量增益由能量变化率（阻力的函数）与能量误差的比值计算得到。控制能量增益使能量误差和能量变化率接近 0。能量增益转换为高度速率，利用航天器垂直加速度的解析方程确定倾侧角。侧向控制与其他制导方法类似，如果轨道平面外的速度超出给定范围，航天器执行滚动反转减小平面外的速度误差。

NPC 方法根据设计的倾侧角剖面，将当前位置和速度数值积分到大气出口处。每一步积分过程中，采用简化模型计算引力和气动力加速度。利用预测的出口状态计算对应的远心点，然后调整倾侧角来消除目标远心点误差，持续该循环直到最终远心点在可接受的误差以内。和 APC 一样，为了保持轨道平面尽可能接近目标轨道平面，NPC 采用侧向控制确定倾侧角的符号。

TPC 方法是一种比较简单的制导方法，通过控制航天器跟踪预先确定的参考轨迹来达到给定的终点或终端条件集合。在航天器的星载计算机中预先存储几组标称轨迹参数（可以是时间的函数，也可以是速度的函数），当航天器进入大气后，由于受到初始条件偏差、大气密度变化及气动参数不确定性的影响而偏离标称轨迹时，导航系统测出实际轨迹参数，并与标称轨迹参数进行比较，产生误差信号，以误差信号为控制输入，改变航天器的姿态角，从而改变升力的方向，使航天器回到标称轨迹上去。这种方法的优点是控制律简单、容易实现、对星载计算机的计算速度和容量要求都比较低；缺点是目标控制精度低，受进入初始条件误差和飞行过程中气动扰动等因素影响较大。该方法通常分为离线（或在线）轨迹规划和在线轨迹跟踪两部分。这种方法已经成功用到实际航天任务中，且在美国航天飞机领域取得巨大成就，奠定了该方法在航天器再入制导中的牢固地位。

7.4.3　适应核发动机特性的制导与控制技术

核动力运载器制导控制设计要考虑核发动机的特性。核发动机的启动过程与常规低温火箭发动机有点类似，但时间要长得多，并且分为数个启动阶段，不同阶段的比冲、推力曲线并不相同，关机过程也是如此，并且后效的长短、偏差会直接影响制导与控制方案的实现，进而对总体方案的任务指标产生影响。

核热推进存在前效及后效推力，且后效推力持续时间极长，与传统的弹轨道设计优化不同，发动机后效持续推力时间极长且无法控制其大小。由于控制变量少，而终端约束多，属于典型的欠驱动控制问题，终端约束选择合适与否直接影响求解的可行性。终端约束的选择需要丰富的设计经验。此外，该优化问题既不具有凸特性，模型又不具备线性特征，这些特点相互叠加，大大增加了设计及优化的难度。

在核热动力地火转移轨道设计方面，核热动力发动机关机后效长，动力作用时间极长，直接对控制变量进行优化设计时，优化计算量极其庞大，从而导致计算机负载过大，难以得到有效的优化结果。

根据后效作用时间较长的特点，利用改进高斯伪谱法，采用足够且尽可能少的离散点，对弹道控制量和状态量进行优化处理，进而对整个核热动力奔火轨道进行优化设计，以减少计算量与计算周期，改善优化结果。

核热动力奔火轨道制导由于核热动力发动机关机后效长，推力偏差、导航位置／速度误差较大，并且制导目标处于轨道移动状态，制导难度较大；此外，核热关机后需要用化学发动机完成进一步修正，采用闭路制导进行修正。闭路制导是一种显示制导方法，制导精度高、诸元计算简单，其是在导航计算的基础上，根据运载器当前状态和目标位置进行制导，利用需要速度概念将当前位置和目标位置联系起来，需要速度是假定运载器在当前位置上关闭动力系统，经自由段飞行和再入段飞行而命中目标所应具有的速度。

在地火转移轨道飞行过程中，存在较大的导航位置偏差和速度偏差，需要发动机开机进行转移轨道修正。但是，由于转移飞行时间长，修正发动机推力小，运载器推重比低，因此开机点状态对轨道终端状态的影响巨大。而且，动力学和发动机特性带来的非线性影响，也使得求解控制变量的合理初值变得十分困难。地火转移轨道飞行过程中，使用基于制导轨迹初值的随机方向搜索方法寻找合理的开机时间，在保证精度的情况下减少推进剂消耗。不同于"梯度法"在每个点都要花很多时间寻求各个方向的梯度并找到最大梯度方向，这种方法若发现稍有改进就先改进；若发现有利方向，则大尺度改进，因此效率很高。环火轨道制动制导过程中，为实现轨道圆化，核热动力发动机需要与化学／核电发动机分段结合使用，但在推进剂限制和后效影响作用下，需要寻求合适的修轨策略，可考虑采用长弧段连续小推力制动控制进行轨道圆化。连续小推力下轨道圆化方法包含两个阶段，初始轨道下压（第一阶段）和精确的轨道圆化（第二阶段），如图 7-22 所示。

第一阶段

$$\left[2k\pi-\theta_1, 2k\pi+\theta_1\right]$$

反飞行方向降低半长轴和偏心率

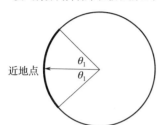

近地点

第二阶段

$$\left[\left(2k+\frac{1}{2}\right)\pi-\theta_2, \left(2k+\frac{1}{2}\right)\pi+\theta_2\right]\left[\left(2k-\frac{1}{2}\right)\pi-\theta_2, \left(2k-\frac{1}{2}\right)\pi+\theta_2\right]$$

反飞行方向降低半长轴，并且保持偏心率

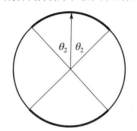

图 7-22　连续小推力环火轨道圆化过程

7.4.4　大规模组合体固液弹耦合动力学及控制技术

　　早期航天器动力学采用刚体模型和准刚体模型描述是简单有效的，随着航天器规模的扩大、附件挠性的增强以及液体晃动因素的引入，刚体模型和准刚体模型已经不能提供准确的动力学模型和足够的控制精度，必须建立起刚 – 弹耦合模型甚至刚 – 弹 – 液耦合模型。由于液体和挠性体的存在，核动力运载器是一个分布参数系统，从理论上讲是无穷维的，在工程上也是高维的。要控制这样一个复杂的动力学系统，就必须采用由多个敏感器和执行器组成的多变量控制系统。但是，由于敏感器与执行器的数目受到设备条件的限制，箭载计算机的处理器速度与内存容量也不能无限增加，为了达到实时控制的目的，就必须限制控制器的维数不能过高。于是运载器控制系统的特点就是用一个低维控制器来控制一个高维系统，对固液弹耦合动力学及控制提出了一些新的问题。

　　充液系统中的液体还存在着晃动的问题，因为随着推进剂的消耗，运载器通常处于不同充液比的部分充液状态。液体晃动问题的研究方法可分为理论研究、数值研究、实验研究等三类。大范围刚体运动与弹性体相对变形之间的耦合，又称刚－弹耦合，是柔性多体系统动力学的主要特征。这个特征使得柔性多体系统动力学不仅区别于多刚体系统动力学，也区别于传统的结构动力学。为了满足核动力运载器的控制需求，需要利用柔性多体系统动力学的先进理论方法去解决动力学中出现的若干问题，包括挠性附件的几何非线性问题、碰撞引起的边界非线性问题、载荷变化等因素引起的时变特征问题等。

事实上，核动力运载器作为充液航天器，是一个复杂的固－液耦合结构体，对其姿态动力学与控制的研究主要聚焦于两方面的技术途径：空间流体动力学和固液耦合动力学。

空间流体动力学方面，通过贮箱中液体的局部流体动力学特性开展详细研究，能够建立反映液体晃动特性的局部动力学模型，从数学上表现为复杂的偏微分、常微分方程组。将这样的复杂动力学模型加入充液航天器的整体动力学分析中，将使所得到的模型过于繁杂，不便于模型的特性分析和控制系统设计。为此，人们提出利用相对简单的力学模型来代替液体晃动模型，即液体晃动的等效力学模型研究。针对不同形状的贮箱，一些学者分析了利用等效动力学模型来模拟液体晃动的效果[115]。较为成熟的结论是，液体晃动可以等效为单摆模型或弹簧振子模型。Li[116]利用等效力学模型计算了航天器受到的液体扰动力和力矩，通过与计算流体力学结果的对比，显示出等效力学模型能够很好地模拟液体小幅晃动，但是对于大幅度非线性晃动的模拟效果不好。Dodge[117]总结了以往研究中对多种不同形状的贮箱中液体晃动的等效力学模型参数的计算方法。从理论分析的角度来看，利用等效力学模型代替液体进行晃动分析的优势在于，可以针对复杂的或脉冲式的贮箱运动进行分析。而利用流体力学方法进行液体晃动分析一般是基于贮箱进行简谐运动所采用的。

固液耦合动力学方面，采用多体动力学的理论，能够建立模型形式简单同时又能反映主要动力学特性的充液航天器固 – 液耦合模型。这类研究结果虽然与真实的充液航天器运动存在一定的偏差，但是能为充液航天器的运动稳定性分析和控制系统设计提供良好的分析模型。NASA 在土星探测器卡西尼号的系统分析和控制设计中使用等效单摆来代替推进剂晃动[118-119]，从航天器的实际飞行情况可以看出基于等效力学模型的耦合动力学建模与控制设计在航天工程中具有实用价值，是一条更为可行的技术路径。

7.5　先进能源与通信技术

7.5.1　可持续能源技术

由于火星距离地球较远，很难实现能源的及时补给，多依靠载人火星探测器自带能源。蓄电池由于自身储能限制无法实现长时间持续供电。而光照条件对太阳能电源系统约束性强，尤其是当太阳能帆板面积过于巨大时，面临帆板展开 / 对日定向机构故障风险等缺点。勇气号、机遇号等使用太阳能电池板的火星车受制于火星季节变化，火星表面经常发生沙尘暴天气，尘土也将使太阳能帆板的吸收能力大打折扣。选择可持续使用能源是亟待解决的问题。具有功率大、寿命长、体积小及环境适应性强特点的核电池，或以与其他能源进行组合方式生成电源，可支持火星探测多种任务，具有更强的机动能力和更具柔性的操作性。

可采用核能源作为运载系统能量来源，采用热离子和动态转换相结合的热电发电机，以期将太空核电源的转换效率提高到 40%。太空核电源具有功率大、寿命长、体积小、环境适应性强的特点，核电源热源有放射性同位素和核反应堆两种形式，其中，放射性同位素首选 Pu-238，核反应堆所用的核原料使用高浓 U-235。放射性同位素温差电源具有高可靠性、安全性和长寿命的优点，已在通信卫星及深空探测任务中得到了成功应用。其研制需要解决放射性同位素的选取和制备、温差电源转换及核安全等技术问题。未来一段时间的研究重点将是大幅度提高热电转换效率和质量比功率。空间核反应堆电源主要包括核反应堆、控制与保护、屏蔽体、电源管理、热传输回路、热电能量转换、散热器和其他结构部件等。反应堆通过受控核裂变释放出热量，热传输回路将热量传送至热电转换单元，热电转换单元将部分热能转换为电能，剩余热量通过散热器辐射到空间环境。

7.5.2　高效高码率深空通信技术

载人火星探测测控通信系统的上行链路主要负责指令的传输，包括探测器自控和轨道控制、遥测遥控和跟踪导航指令，下行链路则负责文件、声音、图像和遥测信息等科学数据的传输。其技术难点主要在于：通信路径损耗 / 时延巨大，链路差错率高，且数据传输速率有限；通信环境复杂，间断连通性。

未来测控通信系统的发展主要体现在高频通信技术、天线组阵技术以及光通信技术。为提高深空通信传输效率，通常可采取的有效手段是增加天线口径和提高通信频率。从近期发展看，深空站传输带宽的提高将首先依赖于射频信号频率的提升，经历 S 频段到 X 频段再到 Ka 频段的发展。然而由于大口径天线热变形和负载变形严重，天线加工和调整精度要求高，且维护费用昂贵，使得其在 Ka 频段进行通信的难度较大。对于最大天线口径的设计已经接近极限，因此将多个小型天线组成天线组阵，是深空通信技术的发展趋势之一。天线组阵通过将相距一定距离的独立天线所接收的信号，进行全频谱或载波组合以及基带和复数信号流组合，使得等效接收信噪比大幅提高，由于小型天线可工作在较高的射频频率上，因此也可有效提高数据传输的速率。深空光通信技术是指以激光或空间自由光为载体，通过望远镜进行深空通信的技术。激光的频率比射频信号高 4~5 个数量级，极高的频率使得激光具有更好的方向性和更为丰富的宽带资源，且可在相同数传速率情况下，实现结构质量更轻、投资费用更少。此外，建立深空测控中继站、构建行星际网络以及采用量子通信技术等也将是未来深空测控发展的方向。

7.5.3 高可靠深空星际互联网络技术

高可靠深空星际互联网络技术主要应用在深空通信领域。为解决深空探测中的通信技术难题，高可靠深空星际互联网络技术将地面互联网延伸到空间，借助中继卫星和试验卫星发展星间链路和星上交换技术测试、验证并实现空间互联网的通信技术能力，实现深空航天器与地面的有效测控通信技术。

高可靠深空星际互联网络是以通信卫星为核心，利用现代通信和网络技术，将位于地面、空中和太空中的多种移动节点连接在一起组成的一种新型空间通信网络，具有网络尺度大、时延长、拓扑动态、节点间关系复杂以及网络业务种类繁多等特点。在搭建星际互联网架构的基础上，研究星间链路技术、路由交换技术、网络协议技术、网络管理技术、安全防护技术，实现深空航天器与地面指控中心的有效信息交互。

7.5.4 电气系统核辐射屏蔽技术

通过辐射实践正当化、辐射防护最优化和辐射剂量控制，隔离核电动力系统产生的辐射，有效防护运载器电气系统。

采用单粒子效应防护、剂量效应防护、充放电效应防护、辐射防护层次设计等。减少辐射照射时间，增加射线源与设备之间的距离，在辐射源与设备之间设置足够厚的屏蔽物，用来防止核辐射对电气系统造成的伤害。总剂量效应在各种环境效应中是对飞行器多个系统、各种材料及器件都有普遍影响的效应，是飞行器设计中首要关注和解决的环境效应，目前从多个层面采取抗辐射加固措施，包括合理选用器件与材料、增加辐射设计余量、实施局部屏蔽防护、进行布局优化调整、开展电子系统容差设计、进行总剂量辐照试验等。充放电效应防护主要考虑表面带电效应防护措施和内带电效应防护措施。辐射防护层次设计主要采取元器件和功能材料的抗辐射加固、部件和设备抗辐射加固、整体抗辐射加固等途径。

7.6　先进结构机构设计技术

载人火星探测航天运输系统对结构系统的轻质化、多功能一体化设计提出了新要求，且要能够承受更复杂和更恶劣的热、力、辐射、疲劳载荷等环境条件，需要针对上述要求，针对性开展关键技术攻关工作。

由于载人火星探测飞行器结构更为复杂，轻质化的要求将进一步提高。传统依靠金属机械加工，再进行机械连接的结构形式，其质量难以大幅降低，加工装配成本高，同时也制约了飞行器的高可靠性和有效载荷承载能力。复合材料密度低，可以有效减轻飞行器的结构质量，其制件采用共固化整体成型技术，大型部件通过共固化和二次固化等整体成型方法，明显减少了零件、紧固件和模具的数量及零件装配量，从而有效提高了结构可靠性。

为降低载人火星探测飞行器的质量，节省飞行器内空间，可使用结构功能集成化技术。例如，结构电池一体化技术将电源与承力结构结合起来形成有机统一体，得到一种新型结构电池，既能够提供能量又能够作承力结构材料，可以有效降低系统的质量，又通过将电池分散或植入非主承力结构中，节约飞行器空间。在新型结构材料及新型电池材料没有明显突破的情况下，采用结构电池一体化技术成为减轻飞行器结构质量的一条有效途径。

载人火星探测任务周期长、任务复杂，如果飞行器因碎片撞击等因素发生破坏将对整个任务产生严重影响。20 世纪 80 年代中期，人们提出了智能材料的概念，智能材料是一种能够判断、处理从自身表层或内部获取的关于环境条件及变化的信息并做出反应，以改变自身结构与功能，使其成为能很好地与外界协调的、具有自适应性的材料系统，材料本身具有自诊断、自适应、自学习、自修复、自增殖、自衰减等能力。智能材料应用在载人火星探测飞行器上能够有效提高飞行器结构系统的生存能力。

7.6.1 运输系统结构机构优化设计技术

结构机构是运输系统的重要组成部分，结构机构质量的大小直接决定了飞行器的效率和总体性能，结构机构轻质化是运输系统设计永恒追求的目标。运输系统结构机构优化设计技术是指在满足强度、刚度、防热等功能要求的前提下，寻求运输系统结构机构的最优结构形式及最佳参数，以实现运输系统结构机构质量最小。

针对运输系统结构轻量化要求，开展运输系统结构构型设计、布局优化，在满足总体气动外形、防热、刚度要求等设计约束条件下，确定合理的结构构型和布局方案，包括舱段连接与分离方案及关键设备安装位置。开展大承载轻量化结构方案设计，建立运载系统结构机构分析模型，分析结构传力路径及应力分布水平，采用拓扑优化设计、参数优化设计，分区域选用结构材料，对非关键区域选用轻质材料等方式实现结构轻量化。

结构优化从设计变量上分类，可分为尺寸优化、形状优化、拓扑优化三大类，分别对应结构系统研制的详细设计阶段、基本设计阶段、概念设计阶段。随着近些年结构优化方法及优化商业软件的不断完善、大规模计算能力的不断提升，结构优化技术已经成功应用于飞行器结构设计的各个阶段、各个层面[120]。

零件作为结构中最小承载单元，载荷形式相对简单、边界相对清晰，非常适合采用结构优化手段实现减重和结构性能提升。目前有大量零件结构优化设计成功案例的公开报道[21]。

结构优化设计在零件设计中应用效果显著，已具备将设计方法推广到部件设计的技术条件。结构优化设计在部件设计中的应用主要集中在两个方面，其一是采用尺寸优化对原有结构进行改进，其二是采用拓扑优化（见图 7-23）结合尺寸优化实现结构的创新式设计。

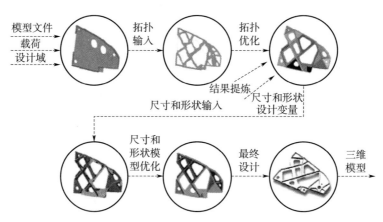

图 7-23　拓扑优化技术设计流程示意图

结构优化设计能够在结构设计的各个阶段发挥作用，其中拓扑优化在结构构型或布局方案未确定情况下，越早介入越能够获得更大收益。

除上述应用之外，针对飞行器结构设计以及全机概念设计需求，全球开展了大量特定问题的优化设计方法研究和应用探索，包括保形优化、设备布局优化等。可以预知，结构优化技术将在飞行器结构系统设计中发挥重要作用。

7.6.2　大气捕获热防护结构设计技术

载人火星探测航天运输系统大气捕获及再入过程中表面将产生严重的气动加热，给热防护系统带来极为严峻的挑战，要求热防护系统在高温长时间作用下必须具备非烧蚀、高效隔热、防热／承载结构一体化、高可靠热密封、舱内温度耦合控制、高精度全机装配等优异特性。其关键技术研究主要集中在提高材料的耐温程度、防隔热一体化材料、非烧蚀材料、减少氧化反应、提高表面涂层的热辐射性能等方面。

大气捕获热防护结构设计首先需要考虑被动热防护技术，针对载人火星探测航天运输系统不同位置处热流环境特点，通过化学、物理等方法提高防隔热材料的耐温程度和隔热性能，使刚性陶瓷防热瓦、金属热防护、复合材料热防护和柔性隔热毡等防隔热材料满足热防护设计要求，发展承载－防热一体化结构（见图 7-24），实现防隔热一体化、非烧蚀、降低氧化反应、提高热辐射性能等设计要求。常见的被动热防护结构包括隔热结构、热沉结构以及辐射结构。隔热结构通过在热防护结构最外层增加隔热材料层阻止热量进入结构内部；热沉结构主要依靠热防护结构材料自身的热沉吸收气动热，以期实现热防护效果；而辐射结构则主要利用热防护结构表面的高发射率，将气动热以热辐射的形式耗散在机体之外。

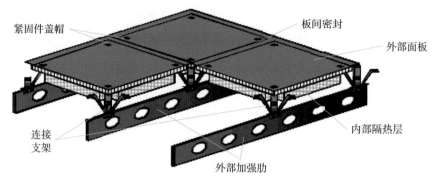

图 7-24　波纹夹芯型承载 – 防热一体化结构

同时，在被动热防护技术的基础上，发展主动热防护技术，针对载人火星探测航天运输系统大气捕获及再入过程中表面热流的空间分布情况，对驻点、迎风面等高热流密度区域，采用大面积对流冷却技术，以液体工质为中间介质，工质在管道中流动并与管壁进行对流换热，最终将热量从高温区域带至低温区域（见图 7-25）。对流冷却热防护系统是对流冷却方法与具体的热防护系统的结合。对流冷却通过冷却剂在结构内部的循环流动，以对流换热的方式带走因气动加热而产生的绝大部分热量，从而达到防热的目的。可以使用推进剂作为冷却剂，与热防护结构进行热量交换。对流冷却可以实现飞行器整个热控系统的闭环控制，可以实现热防护系统冷却和结构功能的结合，实现防热—结构—热控一体化设计。

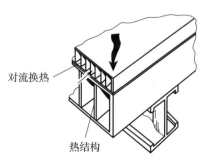

图 7-25　主动对流冷却热防护结构

在主被动热防护技术外，还可以考虑基于高温热管的半主动热防护技术。所谓半主动热防护是指一方面热管热量的疏导是通过热管内工质的流动以及蒸发凝结过程实现的，呈现出一定主动特性，同时另一方面，与对流冷却等典型主动热防护手段不同，热管在制作封装完毕后，在工作初始时一旦启动，不需要再额外施加控制，又呈现出一定的被动特性。在半主动热防护方案设计中，可采用碱金属钠作为工质，采用与金属钠相容性较好的不锈钢或Inconel泡沫合金作为热管吸液芯的材料，采用哈氏合金等高温合金作为热管壁面材料，采用超高温陶瓷作为外壁面材料。

7.6.3　智能材料结构技术

航天运输系统智能材料结构主要体现在结构的自感知和自适应两方面，结构自感知、自适应技术需要融合光学、电学、机械和材料等多学科综合设计，需要综合考虑结构自感知和自适应的空间和质量约束，难点是如何运用智能算法，利用少量的资源，实现自感知和自适应的精确控制，已成为新的研究前沿。针对运输系统结构自感知、自适应需求，开展一体化感知和智能变形等技术研究。

首先对航天运输系统进行力、热性能分析，获得薄弱环节和关键结构信息，确定重点监测区域，利用有限的传感资源和通信资源，以无损化、集成化、小型化为设计原则，充分发挥光纤传感体积小、质量轻、耐腐蚀、抗电磁干扰、远距离实时在线传感等优点，构建航天运输系统结构自感知网络，将光纤敏感元件无损融入箭体结构中,利用敏感元件捕获光反射的衰减信号，通过光解调、信号转换和滤波处理，得到有效的波长信号和无波长信号，通过分析信号的变化情况，获得结构的温度、应变等关键参数。图7-26为X-33航天飞机上的光纤传感系统。通过逆有限元法、曲率递推法、最小二乘复频域算法等智能推演技术，结合地面试验承载和振动标定情况，推演出航天运输系统结构的承载和振动特性，为评估其飞行性能提供有力依据。

图 7-26 X-33 航天飞机上的光纤传感系统

自适应智能变形指航天运输系统在不同的飞行任务状态下，随马赫数、攻角和机动等飞行条件变化自适应地改变指定结构的形状，以减少气动阻力产生的过载，使航天运输系统在全速域、多任务状态下飞行性能最优。

自适应智能变形可通过两种技术途径来实现，第一种途径是采用常规结构材料结合成熟的控制和驱动技术，融入自适应智能变形的概念，采用机械结构来实现结构可控自适应快速变形。另一种途径是通过加电或加热诱导智能材料相变产生驱动力，结构在驱动力的作用下产生所需变形，其中，压电材料、形状记忆合金、磁致伸缩、电致伸缩等智能材料最具用于制作自适应智能变形结构的潜力。

采用智能材料的自适应变形结构，其优点是可以降低自适应结构的质量和空间约束要求，结构相对简单，易于实现，已成功应用于飞行器主动变形翼肋、弯度振荡机翼、重构外形机翼以及发动机进气道鼓包等幅度较小的变形。不足之处在于智能材料加电或加热诱导产生的驱动力控制精度较差，驱动时间相对较长，暂不适用于幅度较大的变形。随着智能材料相变精确控制等技术的深入研究，变形控制更快速和精确，自适应智能变形结构应用前景更广阔。

7.6.4　多功能结构设计技术

运输系统对结构系统在承载功能的基础上提出了防隔热等多种功能需求，多功能结构设计是多学科综合设计，需要综合考虑结构的材料性质和物理场作用，难点在于对结构物理场的模拟及载荷的等效，已成为新的研究前沿。针对运输系统轻质化、高性能的需求，开展结构－防热、结构－电气等功能结构设计方法研究。

运输系统在大气捕获过程中承受的力热环境恶劣，结构系统和热防护系统质量将有所增加，力热一体化设计将结构系统和热防护系统合二为一，使力热一体化结构即既承载又能实现热防护功能，为提高运输系统性能，开展结构力热一体化设计技术研究。此外，开展结构与电气系统一体化／集成化技术研究，以实现运输系统结构简单、轻量化的目标。

传统意义上的航天飞行器承载结构和热防护结构是分开的，热防护结构是飞行器承载结构外的防热层，它的主要功能是将再入气动热量用各种途径加以耗散。热防护层除了维护自身完整外，并无其他承载作用。由于传统的防热结构功能单一，不具备承载能力，已不适应当今航天器复杂工况的使用要求，面临淘汰。防热、承载结构的一体化设计是当今航天领域结构设计的一大趋势。将航天飞行器承载的结构设计与热防护的隔热防热设计结合在一起，使热防护结构具备很好的防热性能，兼具优异的承载性能[24]。

结构分系统与电源分系统是航天器的重要分系统，通常采用分立化学电池作为能源，而传统电源系统的质量比重及占用空间大。为提高有效载荷或减轻平台本体质量，可研制一种新概念的、整体质量轻、体积小的电源系统。要解决这个问题可以将电源、电缆与承力结构结合起来形成有机统一体，得到一种新型结构电池（见图 7-27），既能够提供能量又能够作承力结构材料，可以有效降低系统的质量，或通过将电池分散或植入非主承力结构中，节约系统空间[25]。

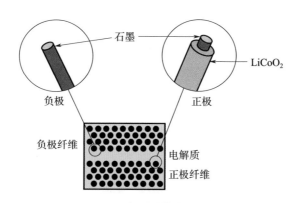

图 7-27 新型结构电池示意图

7.6.5 在轨制造

在轨制造能够有效利用空间微重力、高真空等环境，摆脱运载火箭发射阶段大过载等恶劣环境和对尺寸的限制，对高精度大型设备、对过载 / 振动等环境敏感部件具有天然的优势；在轨制造能够对空间备用设施、遗弃材料、空间碎片和原位资源等进行高效再利用，能够有效降低任务成本，即时响应任务需求；在轨制造为空间设施的运营和维护提供零部件支持，大幅扩展空间设施的功能，同时由于摆脱传统地面发射模式，还可以显著提高空间活动响应速度，降低空间活动成本。

核动力运载器地球出发规模大，单次任务往往需要数百吨，运载器长度达到数十甚至上百米，需要运载火箭多次发射并在近地轨道进行对接组装。以核热运载器执行大规模载人地火转移任务为例，由于核堆的辐射防护安全要求，核堆和载人舱、仪器舱通常配置在运载器的两端，中间需要配置刚度足够大的近 50 m 长的桁架结构；核电运载器需要将反应堆产生的大量热量耗散出去，配置有几百平方米的散热辐射板，这些都对在轨制造提出了新的需求。

国际上已经开展针对在轨制造的探索研究，包括空间焊接技术、空间 3D 打印技术等研究。NASA 于 2014 年 9 月将首台零重力 3D 打印机（ZeroG 3D）送到国际空间站并开展微重力环境中的制造试验，其由太空制造公司（Made in Space）设计和制造，采用熔融沉积技术将 ABS 塑料丝打印成外壳和扳手。美国 NASA 蜘蛛制造项目（Spider）研究利用 3D 打印和机器人组装技术在太空完成大型空间结构的制造。

（1）空间焊接技术

焊接是形成永久性连接的关键技术，也是获得良好的结构力学性能、有效减重的一种关键制造和组装手段。空间在轨焊接技术是重要的在轨连接技术之一，可用于对空间结构的在轨修复、制造、组装。主要焊接方法有熔化焊、钎焊、固态焊等。

目前在轨焊接技术方面研究热点主要集中在以下几个方面：1）寻求新型的、安全有效的空间焊接方法，如空间固态连接技术等；2）空间常用的金属以及金属基复合材料在空间环境下的焊接性研究；3）桁架结构、薄壁导管等典型空间结构的焊接工艺研究；4）焊接过程自动化技术研究，包括焊接自动化及装夹自动化等[26]。

（2）空间 3D 打印技术

3D 打印技术是 20 世纪末发展起来的一项先进制造技术，其实质为增材制造技术。3D打印技术是一种采用逐层堆积直接进行零件成形的数字化增材制造工艺。与传统减材或等材制造相比，3D打印技术消除了加工过程对中间模具的需求，能够进行快速需求响应，具有单件小批量定制化快速制造的优势，较适合空间制造需求。3D打印技术的兴起进一步推动了在轨制造技术的发展。

当前空间增材制造方面的研究热点：1）金属、复合材料和电子元件的3D打印技术；2）下一代多功能3D打印系统研发，即用于处理金属和各种塑料等多种用途的更强型挤压材料的综合设施；3）通过增材制造实现塑料／金属材料的回收再利用技术；4）通过增材制造实现空间大型结构（如大型天线、桁架等）在轨制造；5）通过增材制造实现小卫星在轨建造等。除此之外，目前多种材料（如金属、陶瓷、电子元件、月壤等）、多种工艺（光固化成型、电子束熔化、选择激光烧结等）的3D打印技术都在开展在太空环境下的应用研究，为最终实现深空探索任务提供技术支撑。

（3）原位资源利用

NASA马歇尔航天中心围绕空间原位制造和修复（ISFR）以及空间原位资源利用（ISRU）开展了系统研究。ISFR/ISRU主要围绕空间制造技术评估、空间资源利用可行性分析、地面验证试验等开展了系统研究，并针对电子束熔化技术、混凝土挤出工艺、月壤资源利用等增材制造工艺与材料方面开展了系统研究。

第8章

载人火星探测的国际合作

　　载人火星探测是人类共同的事业，但其耗资巨大、任务复杂、技术挑战多，这也令任何一个航天国家望而却步。国际合作是解决这些问题的有效途径，参与载人火星探测的国家、地区或组织，在共同约定的规则下，采用合适的合作模式，通过在技术、管理等方面开展广泛、深层次的合作，构建命运共同体，必将能够实现载人火星探测这一宏伟目标。

　　本章首先分析了载人火星探测国际合作的必要性，随后在分析国际合作的现状与趋势的基础上，结合现有及规划中的若干国际典型合作案例，探讨了载人火星探测任务中的合作模式。

8.1 需求分析

（1）政策环境

考虑到载人火星探测的高成本需求与技术复杂性，近年来，各国政府、企业界、学术界均表示出了开展全球航天合作的意向，在未来的深空探测规划中都明确国际合作是其中的一个重要方向，都有加强合作的政治意愿。美国、俄罗斯、欧洲等国家及地区，也发布了相关政策，强调国际航天合作，为国家及地区间开展太空探索合作与交流提供了政策依据。

（2）研究经费

借鉴 20 世纪美国的阿波罗载人登月项目，开展载人火星探测，开发和利用火星资源，是一项投资巨大、风险巨大的复杂系统工程。通过国际合作，可以分摊项目研制所需的巨额经费，从而确保足够的经费支持。

（3）技术风险

载人火星探测技术挑战诸多，任务风险巨大，开展国际合作，通过资源共享、优势互补，能够有效分解探测任务的总体难度，充分利用不同国家的优势技术和成熟技术，降低任务风险，缩短探测任务的整体时间，避免相同目标、相同任务的重复探测，极大地提高载人火星探测的研究效率与可靠性。

（4）人才培养

作为一个系统级重大工程，载人火星探测任务的实施有利于参与国家、地区和组织的人才培养，巩固其在航天领域的技术实力，对航天产业可持续发展具有十分重要的意义。

（5）社会发展

载人火星探测将会使得人类足迹从地球空间逐渐拓展到地火空间，火星移民与开发、地火经济圈也将逐渐变为现实，开展国际合作有助于推动人类社会的共同发展与文化融合。

8.2　现状与发展趋势

8.2.1　典型国际合作任务

（1）国际空间站

国际空间站计划（见图8-1）是迄今为止世界上规模最大的航天合作计划，参与方包括美国、俄罗斯、欧洲、日本、加拿大和巴西等 16 个国家和地区，原计划投资 630 亿美元，但目前的总投资已超过 1 000 亿美元，这是任何国家和地区都无法独自承担的。国际空间站计划的前身是美国的自由号空间站计划，后者由于经费投入的限制经受了一次次脱胎换骨似的重新设计，而研制进度却一次次延后，甚至险些被取消。1993 年，美俄两国签署共建空间站的联合声明，拯救了自由号空间站计划。通过合作，美国在经费投入不足的情况下，确保了空间站计划的顺利实施，且在载人航天国际合作中占据主导地位；俄罗斯在经济急剧衰退的情况下继续开展空间站计划，维护了载人航天大国的地位。欧洲和日本各为国际空间站提供了一个实验舱，并成功研制了各自的货运飞船，掌握了多天飞行、舱外行走、交会对接等载人航天基本技术，以最小的代价积累了必要的载人航天经验和关键技术。加拿大研制的机械臂在飞船与国际空间站对接的过程中也发挥了至关重要的作用，为其争取了一席之地。

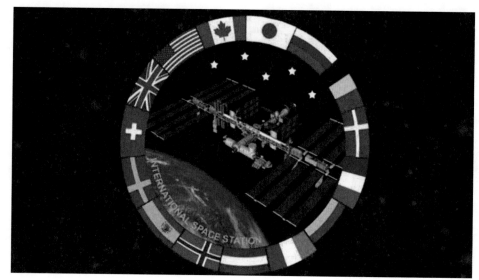

图 8-1　国际空间站计划

（2）天问一号

2020 年 7 月，执行中国首次火星探测任务的天问一号探测器在文昌航天发射场成功发射，2021 年 5 月，着陆器成功着陆于火星表面，任务获得圆满成功（见图 8-2）。执行本次发射任务的是长征五号遥四运载火箭，在其整流罩上喷涂的是与中国开展航天国际合作的外国航天机构的标志，包括欧洲航天局（ESA）、法国国家空间研究中心（CNES）、阿根廷国家空间活动委员会（CONAE）以及奥地利研究促进署（FFG）。这些机构均不同程度地参与了此次火星探测任务的合作。

CNES 为探测器搭载的激光诱导击穿光谱仪（LIBS）提供了校准和测试方面的帮助。FFG 协助了环绕器上的磁力仪开发工作，这将被用于火星磁场的探测工作。CONAE 通过阿根廷内乌肯深空站与本次探测任务开展合作，为天问一号的火星任务实施测控工作。另外，欧洲航天局则将通过跟踪网络（ESTRACK）提供帮助。在天问一号发射升空后，位于南美法属圭亚那的地面站对其进行了跟踪。在探测器进入火星轨道的过程中，欧洲航天局通过位于澳大利亚和西班牙的站点进行了 8 次通信连接，提供了精确的导航和轨道测定。

图 8-2　天问一号任务

（3）ExoMars 任务

ExoMars 任务是欧洲航天局和俄罗斯联邦航天局联合展开的火星探测计划。在 ExoMars 任务中，俄罗斯负责哥萨克舞号着陆器（Kazachok）、部分科学载荷和火箭方面的研制工作，欧洲航天局主要负责提供罗莎琳德·富兰克林火星车（Rosalind Franklin）及部分科学载荷等。

2011 年 11 月 9 日，搭载福布斯 - 土壤探测器的天顶运载火箭在哈萨克斯坦的拜科努尔发射场发射升空。然而，几个小时后，俄罗斯航天局发布消息称探测器出现意外，因主发动机未能点火而变轨失败。这是继火星 -96 项目后，俄罗斯（不包括苏联）第二个火星探测项目，两次失败对俄罗斯来说无疑是一个巨大的打击。在这种情况下，寻求国际合作是明智的选择。

2013 年，俄罗斯和欧洲航天局终于达成协议，ExoMars 任务将利用质子 -M 火箭分两阶段运送火星探测设备：第一阶段叫 ExoMars 2016，欧洲航天局发射痕量气体轨道器（TGO）和试验性的斯基亚帕雷利 EDM 着陆器，其中搭载了 2 个俄罗斯的载荷。第二阶段也叫 ExoMars 2018，包含欧洲航天局的罗莎琳德·富兰克林火星车和俄罗斯的哥萨克舞号着陆器。该计划进一步推迟，任务名称也改为 ExoMars 2020。

（4）阿尔忒弥斯计划

2020 年 9 月，美国航空航天局局长 Jim Bridenstine 正式公布了美国阿尔忒弥斯月球探测计划。根据该计划，NASA 将于 2021 年开始运用机器人开展月球无人探测，在 2024 年前运送美国航天员重返月球，并在 2025 至 2030 年间建立环月轨道空间站和月球表面基地以实现美国月面持续驻留，为未来美国航天员登陆火星的任务奠定基础。

2020 年 10 月 13 日，美国与澳大利亚、加拿大、意大利、日本、卢森堡、阿联酋和英国等国家签署了一项名为《阿尔忒弥斯协定》（Artemis Accords）的国际协议，对如何探索月球制定了新的标准，并希望有兴趣参与登月计划的国家能够在此框架下进行谈判，开展国际合作（见图 8-3）。

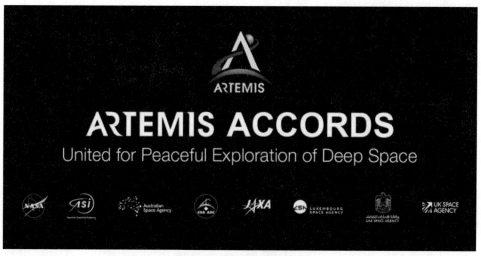

图 8-3　阿尔忒弥斯计划

（5）国际月球科研站

2021 年 6 月，中国国家航天局（CNSA）和俄罗斯联邦航天局（ROSCOSMOS）联合发布了《国际月球科研站合作伙伴指南（V1.0）》，拟基于中俄两国现有月球探测计划，凭借两国在空间技术、空间科学和空间应用领域的丰富经验，联合发起国际月球科研站（ILRS）项目，如图 8-4 所示。

图 8-4　国际月球科研站设想图

该项目旨在通过吸引可能的国际伙伴共同参与，在月球表面和 / 或月球轨道上建设可进行月球自身探索和利用、月基观测、基础科学实验和技术验证等多学科多目标科研活动的长期自主运行、远景有人参与的综合性科学实验设施。项目拟分三个阶段实施。

1）第 1 阶段（勘）：2025 年前，以多种探测形式对月球进行勘察，确定月球科研站站址；

2）第2阶段（建）：2026—2030年，完成国际月球科研站建设技术验证；2031—2035年，集中建设国际月球科研站；

3）第3阶段（用）：2036年以后，开展月球科研探测，并根据需要进行系统扩展、维护。

目前，该项目向所有感兴趣的国际伙伴提供了在国际月球科研站的规划、论证、设计、研制、实施、运营、科学研究等方面开展合作的机会。

8.2.2 发展趋势

随着航天任务的复杂性加剧，各航天国家正在积极推进国际合作，并探索应用多种合作模式，更加注重合作实效，目前，世界航天国际合作呈现以下趋势。

（1）合作层次进一步提升

在合作类型方面，有些合作已经由一般性的项目合作上升到具有战略意义的合作，甚至有些国家通过法定形式牢固地确定和保障这种战略性的合作关系。

（2）合作主体向多元化方向拓展

在国际组织参与方面，国际宇航科学院、国际宇航联合会、国际空间探索协调组、联合国和平利用外层空间委员会等组织研讨平台促进技术交流与合作，为建立高级别协调机制铺平了道路。从国际组织的参与方看，除了各国航天局（政府部门）和传统航天企业外，多个新兴航天企业也开始积极加入国际航天组织。

（3）合作领域不断拓宽

随着航天科学技术和应用产业的不断发展，航天国际合作的领域日渐广泛，涉及空间探索和利用的各个方面。其中，载人航天作为航天引领科学技术创新、服务社会经济发展的重要部分，仍是目前各航天国家开展航天国际合作的重点领域。

（4）合作计划的约束性逐渐减弱

当前，国际空间合作更加强调各参与方的积极性、主动性和创造性，不提倡以复杂的具体行动条款约束各合作方的行为。

8.3 模式研究

根据方式不同，国际合作可以分为项目主导、互动协商和深度融合三种方式。

1）在项目主导的模式下，合作国家之间有政府间或组织间的合作协议，主导国家全面负责合作项目的发展方向、技术进展和实现路径，并承担主要风险，其他国家仅配合完成合作计划。

2）在互动协商模式下，各国在政府间或组织间协议的基础上均参与决策项目的进展，并共同承担合作项目的风险，但是由于各国在项目发展中都有一定的决策权，因此在各国意见不一致时要通过谈判与协调形成各方都能接受的意见，可能会导致项目延误、费用增长。

3）深度融合是一种共享资源、联合开发的合作方式，各国完全平等地参与合作项目，共同享有管理权，合理分担费用和风险，但由于太空技术具有敏感性，通常该模式需要强大的政治联盟作为保障。深度融合模式目前应用较少，是未来的一种愿景。

根据上述分类，表 8-1 针对前文列出的典型国际合作任务进行了分析，可以看出，项目主导和互动协商依然是当前国际合作任务的主要模式。

表 8-1　典型国际合作任务的模式分析

序号	典型国际合作任务	合作模式分析
1	国际空间站	经历了项目主导和互动协商两个阶段： 1982—1984 年，参与合作的各国在国际协作工作组（ICWG）的协调下开展合作，合作的方式以科学家和工程师之间的信息共享为主；1984—1989 年，合作进入项目主导阶段，并以双边技术合作为主要合作方式。 1989—1993 年，俄罗斯加入国际空间项目，合作模式转入互动协商模式，主要基于双边和多边协议开展技术合作，这种合作模式一直沿用到现在
2	天问一号	项目主导模式，中国作为主导国家全面负责项目研制，并承担主要风险，其他国家配合完成合作计划
3	ExoMars	互动协商的合作模式，俄罗斯与欧洲航天局均参与决策项目的进展，共同承担合作项目的风险
4	阿尔忒弥斯计划	该计划的国际合作尚处于项目主导的模式，《阿尔忒弥斯协定》构成了合作国家政府间或组织间的合作协议，美国作为主导国家全面负责合作项目的发展方向、技术进展和实现路径，并承担主要风险，其他国家仅配合完成合作计划
5	国际月球科研站	项目主导模式，中俄作为主导国家全面负责项目研制，承担主要风险，其他参与国际合作伙伴配合完成合作计划

针对未来载人火星探测任务，从任务规划、科学研究与技术攻关、法律框架、民营资本等方面考虑国际合作模式构建。

（1）任务规划

开展载人火星探测任务，需要有意愿的航天国家与地区开展任务需求分析，明确科学目标，开展多边或双边的任务联合设计与规划，推动系统级、分系统级的国际合作。这一过程，建议采用互动协商模式，各国均参与规划的决策与发展，形成共识，完成载人火星探测的发展路线图的制定。

（2）科学研究与技术攻关

载人火星探测任务技术挑战众多，且难度较大，建议采用"项目主导＋互动协商"的复合合作模式。根据发展路线图，以互动协商的模式确定职责分工，进一步明确不同关键技术的主体国家或地区，针对每项关键技术或子任务，结合参与国家与地区的优势技术，开展项目主导的合作模式，建立政府间或组织间的合作协议，确保任务的可持续性演进。

需要指出，由于不同国家与地区航天技术方面差异较大，在具体实践中适宜以双边合作的形式为主导，适当小范围发展多边合作。在双边和小范围多边合作的具体实现方式上，可分为 3 个层次来进行合作。在政府层面，可选择合作备忘录等形式，点明合作的目的和大方向，为后续的实质性合作项目打下基础。此后，由相关的国家部委或其他机构与合作国的对口机构签订具体的合作协议，明确具体的合作项目。政府层面和机构层面的合作文件中，除了合作框架外，宜将知识产权、技术标准、纠纷解决等方面的内容也纳入其中。最后，合作的执行大都离不开航天企业的参与，可能涉及国际服务贸易合同、国际技术转让合同等多种形式。

（3）法律框架

通过国际合作开展载人火星探测，需要将涉及的国家与地区纳入一个全面的法律框架之中，为参与国家与地区的所有相关合作搭建基础，保证载人航天火星探测任务的有序发展。需要指出，由于不同国家对于载人火星探测任务的理解与期望不同，利益需求不同，可接受的法律框架形式和内容会存在较大差别。

因此，构建国际合作法律框架可分为两条路径。其一，是借助已被大多数国家认可的国际组织和国际法律文件，如联合国和平利用外层空间委员会的《外空公约》，形成了国际社会规制外层空间活动的基本法律制度，对确立外层空间基本秩序发挥了重要作用；联合国《责任公约》规定了发射国对其空间物体造成的损害所负责任的有关原则和救济措施；《登记公约》规定了由发射国登记其射入外层空间物体的有关原则；《月球协定》是当前国际空间法律中与地外天体探索利用活动最为密切相关的法律。世界主要航天国家，包括美国、俄罗斯、中国、日本、印度以及欧洲航天局部分成员国均未签署该条约，但鉴于《月球协定》在当前国际外空法律中的重要地位，其相关条款和要求，仍然值得重视。后续针对载人火星探测的国际合作，考虑建立类似的《火星协定》。其二，针对现有法律框架无法覆盖或者覆盖能力薄弱的领域，须尝试达成新的合作，可多采用谅解备忘录、倡议、决议、宣言等"软法"的形式，以表达合作的共同意愿、宣示某些价值导向并初步建立合作关系。随着合作的深入和具体化，则可逐渐运用多边或双边指南、建议和行动计划等形式来阐述、细化已有的规则，对合作各方起到信息提供和行为导向作用。

（4）民营资本

民营企业研制的各种商业通信和遥感卫星早已蓬勃发展。近年来，以SpaceX、蓝源公司为代表的民营企业，基于自身较强的航天技术基础，逐渐参与到航天商业运输中。特别地，为节省开支，NASA甚至将近地航天发射业务转交民营企业。而且，在近地空间，民营航天企业准备实施高度2 000 km以下的近地轨道区域发展太空旅游，或设想利用空间站的3D打印机，使其成为制造小型卫星等的"太空工厂"。

因此，未来发展载人火星探测任务，可以充分利用民营资本的力量，降低整个任务的成本投入，但考虑到其局限性，整个任务还需要以各国政府为主导。

第**9**章

结论与建议

（1）载人火星探测已成为国际航天界的研究热点

载人火星探测已成为国际航天界的研究热点和追逐的重点目标之一，各航天大国基于相关技术基础都提出了各自的方案设想，方案多样，并在持续开展相关研究工作。美国已正式宣布 2040 年前开展载人火星探测任务，并在持续开展相关运输系统研制工作。

（2）载人火星探测任务架构复杂，设计因素多，需合理设计

载人火星探测任务架构复杂，设计因素多，包括人货转移模式、轨道设计、推进技术选择、出发时间、地球停泊轨道等，各设计因素对整体任务具有不同的影响，需要综合分析，合理设计任务架构方案。本研究提出了四种初期载人火星探测任务架构设计，采用不同人货转移模式、推进技术、地球停泊轨道等，并灵活应用火星大气捕获技术，能够在有效降低系统规模的前提下，确保任务的可行性，可作为后续载人火星探测任务架构的可选方案参考使用。

（3）载人火星探测航天运输系统组成丰富，飞行任务复杂，飞行距离远，转移时间长，在轨组装次数多，涉及诸多新环境、新状态，技术难度大

针对载人火星探测复杂任务剖面，航天运输系统包含多个运载器，分阶段执行任务，主要包括地球发射系统（含轨道转移级）、地火转移级、火星着陆与上升器以及火星表面基础设施等，本研究给出基于四种不同载人火星探测架构的航天运输系统初步总体方案，能够作为后续进一步深入研究的输入。载人火星探测运输系统飞行任务复杂，飞行距离远，转移时间长，环境复杂恶劣，面临大量的技术难题，涉及领域广、攻关难度大，本课题梳理了相关关键技术，并给出了相关技术解决途径，为后续深入研究打下基础。

（4）地火转移级在载人火星探测任务航天运输系统组成中处于重要地位，应重点开展地火转移级的研究工作

在载人火星探测任务航天运输系统组成中，地球发射系统具有最为成熟的技术基础，火星着陆与上升器具有一定的月球着陆与上升器的技术基础，而地火转移级由于规模大、在轨时间长、在轨交会对接次数多等新的需求，其技术基础较为薄弱，当前亟需攻克相关技术难题，应进一步重点开展地火转移级的研究工作，并积极开展火星着陆与上升器的研究工作，为载人火星探测的实施打下技术基础。

（5）载人火星探测作为一项人类未来重大航天工程任务，应加强国际合作，实现全球合作，资源优化配置，支撑推动人类太空命运共同体建设

载人火星探测作为一项未来重大航天工程任务，涉及范围广，技术难度大，所需经费多，能够支撑推动人类太空命运共同体建设，对全人类意义重大，开展国际合作十分必要，可以实现资源优化配置，全球各国优势互补，形成合力。本书提出了采用"项目主导＋互动协商"的合作模式。以互动协商的模式确定职责分工，进一步明确不同关键技术的主体国家或地区，针对每项关键技术或子任务，结合参与国家与地区的优势技术，开展项目主导的合作模式，建立政府间或组织间的合作协议，确保任务的可持续性演进。

参考文献

[1] 王小军，汪小卫. 载人火星探测任务架构及其航天运输系统研究 [J]. 中国航天，2021（7）：7.

[2] Wang Xiaojun. Development and Preliminary Scheme of Space Transportation System of Human Mars Exploration [J]. China Aerospace, 2021.

[3] Wernher von Braun. "The Next 20 Years of Interplanetary Exploration," Astronautics & Aeronautics, November 1965, pp 24-34.

[4] Wernher von Braun. The Mars Project, University of Illinois Press, Urbana, IL, 1962.

[5] M. Wade,Von Braun Mars Expedition - 1952 Archived2010-01-16 at the Wayback Machine, in Encyclopedia Astronautica.

[6] Wernher von Braun, "Manned Mars Landing Presentation to the Space Task Group," presentation materials, August 1969 (referenced by Portree, 2001 op cit.

[7] "Von Braun Mars Expedition-1956". Astronautix.com. Archived from the original on 16 January 2010. Retrieved 12 June 2015.

[8] Dyson, George （2002）. Project Orion: The Atomic Spaceship 1957-1965. Penguin. ISBN 978-0-140-27732-6.

[9] Annie Platoff, Eyes on the Red Planet：Human Mars Mission Planning, 1952 - 1970, （1999）; available as NASA/CR-2001-2089280 Archived 2010-05-31 at the Wayback Machine （July 2001）.

[10] Franklin Dixon, "Summary Presentation: Study of a Manned Mars Excursion Module," in Proceedings of the Symposium on Manned Planetary Missions:

1963/1964 Status, NASA TM X-53049（1964）.

[11] Christopher P. McKay, ed., AAS Science and Technology Series Volume 62, Proceedings of the Case for Mars II, 1985（second printing 1988）730p. Hard cover: ISBN0-87703-219-X, Soft cover: ISBN0-87703-220-3.

[12] Geoffrey A. Landis, "Footsteps to Mars: an Incremental Approach to Mars Exploration," Journal of the British Interplanetary Society, Vol. 48, pp. 367-342（1995）; presented at Case for Mars V, Boulder CO, 26-29 May 1993; appears in From Imagination to Reality: Mars Exploration Studies, R. Zubrin, ed., AAS Science and Technology Series Volume 91pp. 339-350（1997）.（text available as Footsteps to Mars pdf file.

[13] NASA, Report of the 90-day study on human exploration of the Moon and Mars, published 11/1989; abstract.

[14] Aldrin Buzz. Cyclic trajectory concept [C]. SAIC science applications interplanetary rapid transit study meeting, 1985.

[15] Joseph Chen K., Laundau Damon F., Troy McConaghy T., et al. Preliminary analysis and design of powered Earth-Mars cycling trajectories [C]. AIAA/AAS Astrodynamics Specialist Conference and Exhibit 5-8, 2002.

[16] Dwayne Day, "Aiming for Mars, grounded on Earth," The Space Review February 16, 2004 link.

[17] R. M. Zubrin, D. A. Baker and O. Gwynne, "Mars Direct: A Simple, Robust, and Cost Effective Architecture for the Space Exploration Initiative," paper AAS 90-168, in The Case for Mars IV: The International Exploration of Mars, Part I, MISSION STRATEGY & ARCHITECTURES, AAS Science and Technology Series Volume 89, Proceedings of the Case for Mars Conference, ed. Thomas R. Meyer, 1997（ISBN0-87703-418-4）.

[18] R. Zubrin and D. A. Baker, "Mars Direct: Humans to the Red Planet by 1999," 41 st Congress of the International Astronautical Federation（1990）.

[19] Penelope J. Boston, ed., AAS Science and Technology Series Volume 57, Proceedings of the Case for Mars I, 1984（second printing 1987）, ISBN0-87703-197-5.

[20] Penelope J. Boston, ed., AAS Science and Technology Series Volume 57, Proceedings of the Case for Mars I, 1984（second printing 1987）, ISBN 0-87703-197-5.

[21] Zhu J H, Zhang W H, Xia L. Topology optimization in air-craft and aerospace structures design. Archives of Computational Methods in Engineering, 2016, 23（4）: 595-622.

[22] Penelope J. Boston, ed., AAS Science and Technology Series Volume 57, Proceedings of the Case for Mars I, 1984（second printing 1987）, ISBN 0-87703-197-5.

[23] Annie Platoff, Eyes on the Red Planet: Human Mars Mission Planning, 1952 - 1970,（1999）; available as NASA/CR-2001-2089280Archived 2010-05-31 at the Wayback Machine（July 2001）.

[24] 陈立明, 戴政, 谷宇, 等. 轻质多层热防护结构的一体化优化设计研究 [J]. 力学学报, 2011, 43（2）: 289-295.

[25] 胡芸, 谢凯, 盘毅, 等. 结构电池的研究现况 [J]. 电源技术, 2008, 32（12）: 889-891.

[26] 王敏, 于涛, 张骁, 等. 美国在轨制造技术发展现状及启示 [J]. 航天器工程, 2019, 3（28）: 86-91.

[27] David S. F. Portree, Humans to Mars: Fifty Years of Mission Planning, 1950 - 2000, NASA Monographs in Aerospace History Series, Number 21, February 2001. Available as NASA SP-2001-4521.

[28] Page 18-19 in Chapter 3 of David S. F. Portree's Humans to Mars: Fifty Years of Mission Planning, 1950 - 2000, NASA Monographs in Aerospace History Series, Number 21, February 2001. Available as NASA SP-2001-4521.

[29] Paul D. Wooster; et al. "Mission design options for human Mars missions". CiteSeerX10.1.1.524.7644.

[30] Page 15-16 in Chapter 3 of David S. F. Portree's Humans to Mars: Fifty Years of Mission Planning, 1950 - 2000, NASA Monographs in Aerospace History Series, Number 21, February 2001. Available as NASA SP-2001-4521.

[31] Benton, Mark; Kutter, Bernard; Bamford, Ruth; Bingham, Bob; Todd, Tom; Stafford-Allen, Robin（2012）. Conceptual Space Vehicle Architecture for Human Exploration of Mars, with Artificial Gravity and Mini-Magnetosphere Crew Radiation Shield. doi: 10.2514/6.2012-5114. ISBN978-1-60086-940-2.

[32] Werner von Braun, "Popular Science". google.com. Bonnier Corporation. March 1964. Retrieved 12 June 2015.

[33] "Folta, et al. - FAST MARS TRANSFERS THROUGH ON-ORBIT STAGING.

（2012）"（PDF）. Usra.edu.

[34] Matt Williams – Universe Today. "Making A Trip To Mars Cheaper & Easier: The Case For Ballistic Capture". io9. Retrieved 12 June 2015.

[35] Taylor, Fredric（2010）. The Scientific Exploration of Mars. Cambridge: Cambridge University Press. p. 306. ISBN978-0-521-82956-4.

[36] When Biospheres Collide – a history of NASA's Planetary Protection Programs, Michael Meltzer, May 31, 2012, Chapter 7, Return to Mars – final section: "Should we do away with human missions to sensitive targets".

[37] Johnson, James E. "Planetary Protection Knowledge Gaps for Human Extraterrestrial Missions: Goals and Scope."（2015）.

[38] Bret G. Drake, Reference Mission Version 3.0 Addendum to the Human Exploration of Mars: The Reference Mission of the NASA Mars Exploration Study Team, NASA Report NASA/SP—6107 – ADD, June 1998（retrieved 2 October 2015）.

[39] Mars Architecture Steering Group（Bret G. Drake, ed.）, Human Exploration of Mars Design Reference Architecture 5.0, NASA/SP – 2009 – 566-ADD（Addendum to NASA/SP – 2009 – 566）, July 2009（accessed 29 Sept. 2015）.

[40] Bret G. Drake and Kevin D. Watts, Human Exploration of Mars Design Reference Architecture 5.0, Addendum #2. NASA/SP – 2009-566-ADD2.

[41] Berger, Eric（2016-10-12）. "Why Obama's "giant leap to Mars" is more of a bunny hop right now". Ars Technica. Retrieved 2016-10-12.

[42] Johnston, Ian. " 'Incredibly brave' Mars colonists could live in red-brick houses, say engineers", The Independent（April 27, 2017）.

[43] Rainey, Kristine（7 August 2015）. "Crew Members Sample Leafy Greens Grown on Space Station". Nasa.gov.

[44] Geoffrey A. Landis. Teleoperation from Mars orbit:Aproposal for human exploration[J]. Acta Astronautica 62（2008）59-65.

[45] "Congress Mostly Approves New Direction for NASA". sciencemag.org. Archived from the original on 13 May 2013. Retrieved 12 June 2015.

[46] Mahoney, Erin. "NASA Releases Plan Outlining Next Steps in the Journey to Mars". NASA. Retrieved 2015-10-12.

[47] "NASA's Journey To Mars: Pioneering Next Steps in Space Exploration"（PDF）. Nasa.gov. NASA. October 8, 2015. Retrieved October 10, 2015.

[48] NASA Unveils the Keys to Getting Astronauts to Mars and Beyond. Neel V. Patel, The Inverse. April 4, 2017.

[49] Jim Free. Human Exploration and Operations Mission Directorate – Architecture Status.（PDF）NASA. March 28, 2017.

[50] Kathryn Hambleton. "Deep Space Gateway to Open Opportunities for Distant Destinations". NASA. Retrieved March 31, 2017.

[51] "NASA：Moon to Mars". NASA. Retrieved 2019-04-29.

[52] Chang, Kenneth（2019-03-26）. "The Trump Administration Wants Astronauts on Moon by 2024. But What's the Plan?". The New York Times. ISSN 0362-4331. Retrieved 2019-04-29.

[53] "Mars Base Camp". Lockheedmartin.com.

[54] Musk, Elon（2018-11-20）. "Elon Musk on Twitter". Retrieved 2019-10-19.

[55] Mars Mission Update: June 2021[EB/OL]. https://www.youtube.com/watch?v=tLaUM2XbyJc. 2021.06.16.

[56] https://www.spacex.com/media/making_life_multiplanetary_transcript_2017.pdf

[57] 郭海林,汪中生,曲广吉. 火星探测飞行原理和发射时机分析[J]. 中国科学E辑: 技术科学, 2009, 39（3）: 535-543.

[58] 陈杨,赵国强,宝音贺西. 精确动力学模型下的火星探测轨道设计[J]. 中国空间科学技术, 2011,（1）: 8-15.

[59] 尚海滨,崔平远,栾恩杰. 星际小推力转移轨道快速设计方法[J]. 航空学报,2007,28(6): 1281-1286.

[60] 张文博. 循环飞行方案的轨道设计与优化 [D]. 北京: 北京理工大学, 2015.

[61] 李桢,李海阳,程文科. 载人火星任务气动捕获段轨道初步设计 [J]. 国防科技大学学报, 2010, 32（3）: 42-47.

[62] 周旭东,张振鹏. 载人火星探测飞行方案 [J]. 北京航空航天大学学报, 2010.5, 36（5）: 550-554.

[63] 朱新波,谢华,徐亮,等. 载人火星探测任务方案构想 [J]. 上海航天, 2014, 31（1）: 22-28.

[64] 洪刚,戚峰,王建明,等. 载人登陆火星任务核热推进系统方案研究 [J]. 载人航天, 2018, 24（1）: 102-106.

[65] 王戈,郎明刚,李家文,等. 核热火箭发动机循环方案对比分析 [J]. 载人航天, 2019, 25（2）: 196-201.

[66] 徐瑞, 乔栋, 蒋惠萍. 星际转移发射机会搜索方法 [J]. 北京理工大学学报, 2008, 28 (3): 226-229.

[67] 王亚敏, 乔栋, 崔平远. 从月球逃逸探测小行星的发射机会搜索 [J]. 宇航学报, 2013(12): 1845-1851.

[68] 乔栋, 崔平远, 尚海滨. 星际探测多脉冲转移发射机会搜索方法研究 [J]. 北京理工大学学报, 2010, 30 (3): 275-278.

[69] 崔平远, 尚海滨, 栾恩杰. 星际小推力转移任务发射机会的快速搜索方法 [J]. 宇航学报, 2008 (1): 40-45.

[70] 任远, 崔平远, 栾恩杰. 基于解析梯度的近地小天体探测机会搜索问题研究 [J]. 天文学报, 2008 (1): 45-54.

[71] 乔栋, 崔祜涛, 崔平远. 利用遗传算法搜索小天体探测最优发射机会 [J]. 吉林大学学报: 工学版, 2006, 36 (1): 97-102.

[72] 尚海滨, 崔平远, 栾恩杰. 地球 – 火星的燃料最省小推力转移轨道的设计与优化 [J]. 宇航学报, 2006, 27 (6): 1168-1173.

[73] 尚海滨. 行星际飞行轨道理论与应用 [M]. 北京: 北京理工大学出版社, 2019.

[74] Fred Guterl. "The Race to Mars". Discover Magazine. Retrieved 2012.08.16.

[75] Sputnik (14 July 2009). "Mars-500 crew report good health after experiment". rian.ru. Retrieved 12 June 2015.

[76] Yury Zaitsev. "Russia Suggests Manned Martian-Mission Plan". Rianovosty. 2015.03.

[77] "Russia's plans for manned Mars missions". Russianspaceweb.com.

[78] Vladimir Isachenkov. "Russia Hopes To Fly Humans To Mars With Nuclear Spaceship". The Huffington Post. 2009.10.

[79] Barbara Imhof. Configuration options, habitability and architectural aspects of the transfer habitat module (THM) and the surface habitat on Mars (SHM) /ESA's AURORA human mission to Mars (HMM) study [J]. Acta Astronautica 60 (2007) 571-587.

[80] "Dutch Group Planning for Mars Settlement by 2023". PCMAG. Retrieved 12 June 2015.

[81] Giancarlo Genta, Alain Dupas, and Jean-Marc Salotti. Global Human Mars System Missions Exploration Goals, Requirements and Technologies [M]. International Academy of Astronautics, 2016.

[82]   Jean Marc Salotti. Revised scenario for human missions to Mars[J]. Acta Astronautica, 81（2012）273-287.

[83]   Jean Marc Salotti. New trade tree for manned mars missions[J]. Acta Astronautica, 104（2014）574-581.

[84]   Jean-MarcSalotti, RichardHeidmann. Roadmap to a human Mars mission[J]. Acta Astronautica 104（2014）558-564.

[85]   Jean Marc Salotti. Robust, affordable, semi-direct Mars mission[J]. Acta Astronautica, 127（2016）235-248.

[86]   罗伯特·祖布林. 赶往火星 [M]. 北京：科学出版社，2018.

[87]   卡拉杰耶夫. 载人火星探测 [M]. 北京：中国宇航出版社，2010.

[88]   马丁·J·L·特纳. 远征火星 [M]. 北京：中国宇航出版社，2011.

[89]   John Slough, Nuclear Propulsion based on Inductively Driven Liner Compression of Fusion Plasmoids, 49 th AIAA Aerospace Sciences Meeting including the New Horizons Forum and Aerospace Exposition, 4-7 January 2011, Orlando, Florida. AIAA 2011-961.

[90]   Anthony P. Pancotti, John T. Slough, et al. Mission Design Architecture for the Fusion Driven Rocket [R]. 48 th AIAA/ASME/SAE/ASEE Joint Propulsion Conference & Exhibit, 2012.

[91]   Peter Swan， David I. Raitt， Cathy W. Swa， et al. Space Elevators：An Assessmentof the TechnologicalFeasibility andthe Way Forwar [M]. International Academy of Astronautics， ISBN/EAN IAA： 9782917761311.

[92]   Peter Swan， David Raitt， John Knapman， et al. Road to Space Elevator Era [M]. International Academy of Astronautics， ISBN/EAN IAA： 9782917761311.

[93]   Nicolas Bérend, Elisa Cliquet Moreno and Jean-Marc Ruault, et al. Feasibility Assessment of Rapid Earth - Mars Transfers Using High-Power Electric Propulsion [J]. JOURNAL OF SPACECRAFT AND ROCKETS, Vol. 51, No. 3, May - June 2014.

[94]   张宁，陆希，赵健楠，等. 火星风力资源的研究现状及利用途径 [J]. 载人航天，2020（6）：381-388.

[95]   李志杰，果琳丽. 月球原位资源利用技术研究 [J]. 国际太空，2017（3）：44-50.

[96]   刘嘉兴. 空间微波交会雷达综述 [J]. 电讯技术，2001，41（1）：13-18.

[97]   何英姿，谌颖，韩冬. 基于交会雷达测量的相对导航滤波器 [J]. 航天控制，2004，22（6）：16-19.

[98] 刘长久. 空间交会激光雷达测量技术及计算机仿真 [D]. 成都：电子科技大学，2006.

[99] 陈韵，周军. 基于激光雷达测量的空间交会对接相对导航 [J]. 航天控制，2006，24（1）：25-29.

[100] 张昊，解永春，吴宏鑫. 交会对接光学成像敏感器光点布局求解有效性研究 [J]. 航天控制，2008，26（3）：44-48.

[101] Sotto E D, Bastante J C, Drai R. System and GNC concept for rendezvous into elliptical orbit for Mars sample return mission[C]. AIAA Guidance, Navigation and Control Conference and Exhibit, Hilton Head, USA, August 20-23, 2007.

[102] Pelletier F, Golla D, Allen A. Lidar-based rendezvous navigation for MS R [C]. AIAA/AAS Astrodynamics Specialist Conference and Exhibit，2004.

[103] Delpech M, Dubois J B, Riedel J E, et al. Description of the rendezvous experiment designed for 2007 mars premier mission[J]. 2003.

[104] Guinn J. Mars sample return navigation: Rendezvous in mars orbit[R]. International Symposium for Deep Space Communication Pasadena, California, USA, 1999.

[105] Régnier P, Koeck C, Sembely X, et al. Rendezvous GNC and system analyses for the Mars Sample Return mission[C]//56 th International Astronautical Congress. 2005.

[106] Hamel J F, Lafontaine J D. Improvement to the Analytical Predictor-Corrector Guidance Algorithm Applied to Mars Aerocapture[J]. Journal of Guidance Control and Dynamics, 2006, 29（4）: 1019-1022.

[107] Masciarelli J, Rousseau S, Fraysse H, et al. An Analytic Aerocapture Guidance Algorithm for the Mars Sample Return Orbiter[C]. Atmospheric Flight Mechanics Conference, Guidance, Navigation, and Control and Co-located Conferences. Denver,CO,U.S.A.: AIAA, 2000: 525-532.

[108] Perot E, Fraysse H, Rousseau S, et al. Comparison of an Analytical Predictor Corrector and a Terminal Point Controller for the Mars Sample Return Aerocapture[J]. AAAF, 2001, 14（67）.

[109] Gamble J D, Cerimele C J, Moore T E, et al. Atmospheric Guidance Concepts for an Aeroassist Flight Experiment[J]. Journal of the Astronautical Sciences, 1988, 36（1）: 45-71.

[110] Rousseau S. An energy controller aerocapture guidance algorithm for the mars sample return orbiter[C]. Proceedings of the 11 th Annual AAS/AIAA Space Flight

Mechanics Meeting. Santa Barbara, CA, U.S.A.: AIAA, 2001: 67–83.

[111] Berges J, Rousseau S, Perot E. A Numerical Predictor–Corrector Guidance Algorithm for the Mars Sample Return Aerocapture[J]. AAAF, 2001, 14（66）.

[112] Kaluzhskikh Y N, Sikharulidze Y G. A Control Algorithm for Reentry of a Rescue Space Vehicle into the Earth's Atmosphere[J]. Cosmic Research, 2000, 38（3）: 262–269.

[113] Powell R W. Numerical Roll Reversal Predictor Corrector Aerocapture and Precision Landing Guidance Algorithms for the Mars Surveyor Program 2001 Missions[C]. 23rd Atmospheric Flight Mechanics Conference, Guidance, Navigation, and Control and Co–located Conferences. Boston, MA, U.S.A.: AIAA, 1998: 1998–4574: 1–9.

[114] Ro T, Queen E. Study of Martian Aerocapture Terminal Point Guidance[C]. 23rd Atmospheric Flight Mechanics Conference, Guidance, Navigation, and Control and Co–located Conferences. Boston, MA, U.S.A.: AIAA, 1998: 1998–4571: 1–17.

[115] Shahrouz A, Andrew J, Jalal A. Comparison of Finite Element and Pendulum Models for Simulation of Sloshing[J]. Computers and Fluids, 2003, 32（4）:535–545.

[116] Qing L, Xingrui M, Tianshu W. Equivalent Mechanical Model for Liquid Sloshing During Draining[J]. Acta Astronautica, 2011, 68（1–2）:91–100.

[117] Dodge F T. The New "The Dynamic Behavior of Liquids in Moving Containers"[R]. San Antonio: Southwest Research Institute, 2000.

[118] Lee A Y, Hanover G. Cassini Spacecraft Attitude Control Systems Flight Performance[C]//AIAA Guidance, Navigation, and Control Conference. San Francisco: AIAA Press, AIAA–2005–6269, 2005.

[119] Pilinski E B, Lee A Y. Pointing–Stability Performance of the Cassini Spacecraft[J]. Journal of Spacecraft and Rockets, 2009, 46（5）:1007–1015.

[120] 全栋梁，时光辉，关成启，等. 结构优化技术在高速飞行器上的应用与面临的挑战 [J]. 力学与实践，2019，41（4）：373–381.